U0300835

设计你的生活

暮らしをデザインする

〔日〕宫胁檀 著
胡惠琴／李逸定——译

中国建筑工业出版社

序

在我社一直从事日文版图书引进出版工作的刘文昕编辑，十余年来与日本出版界和建筑界频繁交往，积累了不少人脉，手头也慢慢攒了些日本多家出版社出版的好书。因此，想确定一个框架，出版一套看起来少点儿陈腐气、多点儿新意的丛书，再三找我商议。感铭于他的执着和尚存的理想，于是答应帮忙，组织了几个爱书的学者、建筑师，借助他们的学识和眼光，一来讨论选书的原则，二来与平面设计师一道，确定适合这套图书的整体设计风格。

这套丛书的作者可谓形形色色，但都是博识渊深、敏瞻睿哲的大家。既有20世纪80年代因《街道的美学》、《外部空间设计》两部名著，为中国建筑界所熟知的芦原义信，又有著名建筑史家铃木博之、建筑批评家布野修司，当然，还有一批早已在建筑世界扬名立万的建筑师：内藤广、原广司、山本理显、安藤忠雄……

这些日文著作的文本内容，大多笔调轻松，文字畅达，普通人读来，也毫无违碍之感，脱去了专业书籍一贯高深莫测的精英色彩。建筑既然与每一个人的日常生活息息相关，那么，用平实的语言，去解读城市、建筑，阐释自己的建筑观，让普通人感受建筑的空间之美、形式之美，进而构筑、设计美的生活，这应该是建筑师、理论家的一种社会责任吧。

回想起来，我们对于日本建筑，其实并不陌生，在20世纪80、90年代，通过杂志、书籍等媒介的译介流布，早已耳熟能详了。不过，那时的我们，似乎又仅限于对作品的关注。可是，如果对作品背后人的了解付之阙如，那样的了解总归失之粗浅。有鉴于此，这套丛书，我们尽可能选入一些有关建筑师成长经历的著作，不仅仅是励志，更在于告诉读者，尤其是青年学生，建筑师这个职业，需要具备怎样的素养，才能最终达成自己的理想。

羊年春节，外出旅游腰缠万贯的中国游客在日本疯狂抢购，竟然导致马桶盖一类的普通商品断了货，着实让日本商家莫名惊诧了一番。这则新闻，转至国内，迅速占据了各大网站的头条，一时成了人们茶余饭后的谈资。虽然中国游客青睐的日本制造，国内市场并不短缺，质量也不见得那么不堪，但是，对于告别了物质匮乏，进入丰饶时代不久的部分国人来说，对好用、好看，即好设计的渴望，已成为选择商品的重要砝码。

这样的现象，值得深思。在日本制造的背后，如果没有一个强大的设计文化和设计思维所引领的制造业系统，很难设想，可以生产出与欧美相比也不遑多让的优秀产品。

建筑亦如是。为何日本现代建筑呈现出独特的性格，为何日本建筑师屡获普利茨克奖？日本建筑师如何思考传统与现代，又如何从日常生活中获得对建筑本质的认知？这套丛书将努力收入解码建筑师设计思维、剖析作品背后文化和美学因素的那些著作，因为，我们觉得，知其然，更当知其所以然！

黄居正

2015年5月

目录

沙发的逆转 034
观赏植物、盆栽集锦 036
温暖的『被炉』是家的中心 038
如果为了休息，还是选用白炽灯的黄色光 040

2 谈谈街道和建筑 042

人类为什么要建造住宅 044
生活优先 047
环境决定住宅的形态 050
建房和买房 053
在城市居住 056
一起居住时 059

何谓『设计美观』 010
思考生活 012

1 居住的日常生活 014
门扉反映居者的修养 016
可以收纳生活物品的玄关 018
乐在床之间的变化 020
把大饭桌作为团聚的场所 022
有效使用客厅的方法 024
吊柜的位置也可以开窗 026
儿童房是学习的房间吗 028
心想事成的家装清洁 030
停止再建储藏间，把破烂扔掉 032

美丽的建筑，美丽的人 102
古色古香的新街道 105

4 居住在美好的环境中

108
居住在美好的环境中 110
看与被看的窗 112
我的绿化，大家的绿化 114
营造住宅的穿堂风 116
屋顶并非只为防雨 118
车库不仅是为了停车 120
悦耳的声音，刺耳的声音 122
周边的环境有什么最重要 124
注重外观 126

3

关于居住的一些谈资

电影《飘》中的住宅 064
有穿堂风的男性房间 067
上海的Town House人满为患 069
伊朗高原的热沙 072
手工砖 075
水产生的凉爽感 078
有悠久历史的街道 081
在南岛看晚霞 085
走访印度大陆 088
有感于里约的夜晚 090
中国的厕所 093
大暖炉 096
被海豹占领的船坞 099

6 设计航空空间

158

作为生活空间的客舱 160
高速移动的居住空间 163
航空的椅子也是『休息的椅子』 167
与人体生物钟无关的进餐 175
论非日常性的睡眠 182
要求与日常生活同等水平的愉悦 188
休闲空间 194
旅行空间的舒适性 200
设计航空生活 206

5 注重街景设计

有生气的道路 130
建筑构成快乐的社区 133
居住在倾斜的坡地上 136
拥有公共的绿地 139
拥有集聚的场所 142
整合建筑 145
人车共生共存 148
历史街道 150
没有电线杆的街道 153
住宅应复合多种设施 156

何谓“设计美观”

总之，他是一个对设计非常挑剔的父亲。

说起宫胁，“只要设计好，其他都无所谓”是他的一个口头禅，紧接着第二句就是“那个，外观形象怎样？”，这在朋友圈中传为有名的趣闻。

购置新的自行车，从头到脚选定了郊外旅行风格的配置，“看看，看看，”早上一起来就冲到朋友家里。搬家时，给电器厂家打电话订货时说“反正也不怎么看，选外观设计漂亮的电视送来就行”等等，不乏这种半真半假的段子（真假姑且不论）。

这样的父亲在家里也一样，我和弟弟死缠硬泡要的玩具也好、衣服也好，往往由于爸爸的“没有设计感，不行”就一票否决了。什么好好读书啦，将来成为什么样的人等烦人的说教一概没有，但是在生活中一点一滴地教导我们要美好地居住，培养我们鉴赏美好事物的眼光，并实践给我们看，这是父亲的言传身教。

比如，从沙拉酱不要连瓶子一起拿到饭桌上这种小事，到时装商店挑选服装时的色彩搭配的讲解，在旅行中即便取消其他行程也要坚持去美术馆的行为，父亲的教诲遍及方方面面。

在少不更事的孩提时代，没有掌握衡量“设计优劣”的标准，对美的判断往往会很迟钝，但是随着成长，自然而然就水到渠成了然于心了。我发现自己不知不觉继承了父亲的思维方式。偶尔有困惑的时候，基本上用“设计得好”还是“设计得差”来判断了。

优雅地生活，拥有自己的风格，设计生活。

也许是浅薄地把握了这些方向。但是，我为有这样一位追求美好的生活方式，且将其贯彻始终的父亲而感到骄傲。因为我坚信，“设计得好”不仅是给人欣赏的，它关乎到人生存方式的本质的东西。

父亲仙逝已经4年了，此次以本书新版的形式再版，得以再次重温父亲的文章，就像自己的事情一样感到高兴。

通过美好地居住，收获精神上的丰富、温馨以及愉悦，娓娓道来的父亲的思想如能被读者了解，则万分荣幸。

宫胁 彩

2003年1月

思考生活

我的职业除了在大学执教外，也做些其他工作，但基本上是一名建筑师。

建筑师，一般认为是从事建筑设计的人，最近变得流行起来了。但是设计的本质似乎没有被人们所理解，就是说，很多人认为所谓建筑设计，就是考虑满足被要求的房间数，然后立柱子，上屋顶，决定装修的形式而已。因此与客户商谈时，当问到居住者是怎样的生活状况，经营什么样的生活方式时，会遭到反问："为什么要打听这些？"

所谓的建筑物，就是接纳生活的容器，器物是根据内容量身定制的，如果不知道内容，就不会有合体的设计，将这些都考量在内才是真正的设计，进而形成相应的外观。但是很多承包商不顾这些，按照业主订货的要求，使用技术手段去实现就万事大吉了。

要设计建筑，就要知道其中的生活，如果你想就所谓生活去挖掘点什么，就会深入到人类是如何生存的，就会去观察生活，进而开始对其背景、历史、风土、文化、社会等各个方面发生兴趣，陷入文化人类学或者杂学领域，这就是设计师，即建筑师。

对我而言，旅行是一时的兴致，但是通过走动，触动我身心的东西会迅速增加，由此萌生出对新的领域的兴趣，我作为持有这样的生活态度的建筑师在旅行地即兴写的文章，由丸善出版事业部的大石乔也先生收集整理，集结成册，成就了这本书。

宫胁 檀

1995年 春

1 居住的日常生活

门扉反映居者的修养
可以收纳生活物品的玄关
乐在床之间的变化
把大饭桌作为团聚的场所
有效使用客厅的方法
吊柜的位置也可以开窗
儿童房是学习的房间吗
心想事成的家装清洁
停止再建储藏间，把破烂扔掉
沙发的逆转
观赏植物、盆栽集锦
温暖的『被炉』是家的中心
如果为了休息，还是选用白炽灯的黄色光

门扉反映居者的修养

在郊外住宅区散步，可以发现道路一角的门、停车棚、玄关的门扉豪的无品位，低俗的外观令人生厌。

例如停车棚的门扉，源于没有建车库的空间，又不想露天停车，于是就安上了一个门。但是又没有开门所需的空间，于是安装了铝制的卷帘，这是最便宜的门，经风一吹咔拉咔拉作响，这一价格低廉、形象丑陋的东西无耻地伸向街道。

门扉也好，玄关也好，几乎都是铝合金，为了价格便宜，尽量少用料，因此做得很薄，即便如此，为了看上去华丽，竭尽全力雕刻的狮子头远看像是佛坛那样的雕塑，为了看上去像是铜或青铜做的，上了颜色，更有甚者，画上了木纹以和木头一样的颜色，一样的重量建造。

玄关是家的面孔，既然是面孔，就应该让它正确表达出家的风格，把张牙舞爪的东西装饰在房屋的正面，而且装饰得看上去像是高档商品，这在过去有教养的日本人家是做不出来的，然而如今，从相当有风度的大学教师、文化人、艺术家到有钱人都会这么做，究竟是什么情况？日本的家庭美学意识令人担忧。

并不是说铝合金门窗不好，我个人还做铝合金门窗和玄关门的设计，其实最近也有好的门窗类产品。尽管如此，仍然会有连乡下工务店都觉得寒碜而不愿意使用的门窗伸出道路一侧，只要便宜什么都行的原则，以及对一切都不在乎，对家庭漠不关心人建造的房屋基本上都是一样的。

在人面前，上身穿着正装西服，而脚下穿着漏洞的袜子会被人笑话；在道路一侧，袒露着浅薄的设计，从前面经过的人就会怀疑居住者的品位。选用门窗类时应考虑不要污染道路景观环境，散步时我会经常想到这些。

可以收纳生活物品的玄关

都说玄关是家的门面，于是与大门不同，人们会立即在鞋箱上摆放鲜花，悬挂武者小路先生的绘画来装点门面，试图塑造某种风格。如果是厂家建造的装配式住宅，就会做成挑空空间（但并非像大堂挑空那样的大规模），布满顶灯式的照明。

无论是什么房子只要玄关漂亮就行，但是必须指出，如果这个住宅只是在给人看的地方下功夫去装饰是不对的。

首先，与过去玄关是为了接待说媒的中介人，或是公司的上司而存在的出入场所不同，白天通过这里的都是一些跑进来换运动鞋的孩子们，夜晚喝醉跌跌撞撞回来的老公，岁末投递来的快递物品或打工的学生、邮递员、NHK报纸收费员，以及平日闲来无事随便来打个招呼的邻居。

对这些日常的来访者来说，所必要的并不是鞋箱的鲜花等，而是接收岁末礼物的印章，收纳孩子们各种鞋类的足够大的鞋箱，一些小物品的临时储藏空间，主人的高尔夫用具箱，搁放掸子等扫除工具的场所，为拦住从门前路过的卖烤红薯的，立即能穿上外衣的衣架，最理想的是有家人和客人使用的步入式衣帽间。

玄关是礼仪的场所，作为门面，首先是人和物品的最大的出入口，通过这里的人和物比想象的还要多。通过率越高就越需要港湾那样的仓储和卸货等设备。忘记了这些，只把它视为门面，必须是干净整洁的场所，就扼杀了生活气息，是错误的。

小的鞋箱虽然可爱，但是放不进去的帆布包呀，拖鞋类在玄关中泛滥，入口周围堆满了送来的纸箱，猫拉屎的纸箱、高尔夫球包堆积在角落，楼梯一侧的一颗钉子上挂着好几件外衣。

充分考虑可以将这些生活物品整齐收纳的空间才是玄关应有的形象。

1 床之间：日式住宅的主要房间有一个高出地面几厘米的墙面用来挂画轴，放置装饰品的地方，也是日本人精神休息的地方。

2 书院：床之间旁有出挑窗户的客厅。

乐在床之间[1]的变化

在日本，认为床之间与障子窗、榻榻米一样是和室（日式房间）附属物的人不断增多。它位于和室的一角，不知是出于何种理由，那里成为吊挂画轴，摆放博多娃娃、插花等的场所，既然有床之间的存在，那么就把画轴挂上吧，一年四季始终摆放着同样的木偶娃娃和绘画等。

然而家里没有和室，当然也就没有床之间这样的场所，在客厅的墙上挂有来自银行或哪里的挂历，地板上摆放花瓶，布置成西洋风格的家也有。

无论哪种方式，床之间的场所是家的模式之一是毫无疑问的，人类基本都有在身边装点喜爱物品的嗜好，并有根据季节、节事做些改变的欲求，因此有可供装饰的空间设计很重要。

书院[2]的一侧放有搁板，在那里摆放茶具等赠品，于是床之间这种专门用来装饰的场所就逐渐固定下来了。回顾一下床之间的历史比较有意思，床之间是一个结合季节的变化，陈列各种应季的花卉和饰物，设计出日常生活中有变化的地方。如果有正月的饰物，那么圣诞节装饰圣诞树和圣诞老人的礼物也不足为奇。

没有和室就没有床之间的说法是不对的。如果想表现生活，有很多手法，决定在某一地方摆放装饰柜，将它后面的墙面作为自家的床之间，用来展示年末圣诞卡、正月贺年卡，之后可把从旅行所到之处的地铁票、看过的电影剧情介绍，剪下的好看的报纸，用图钉钉在上面。

当然也可以装饰季节花卉，寄送来的水果在品尝之前存放一阵，重要的是，要让大家都可以看到，就要留心让它们成为美丽的陈设，这就是出色的床之间（在欧洲等地的壁炉上侧和墙上也有这样的功能）。

有在玄关走廊的墙上挂上家人最近的绘画作品、做成画廊的，营造快乐的家庭气氛。也有在窗台上不断更换美丽的玻璃器具和装饰物，让街上的邻居分享，被誉为“街道上的床之间”的非常了不起的家庭。你的家今后不想享受一下床之间的乐趣吗?

3 被炉：用脚炉木架挡住热源，上面盖上棉被取暖的装置。

把大饭桌作为团聚的场所

整个正月里一家人围着被炉[3]，把脚伸进暖被里，食物放在中间，面对面亲切交谈，你会意外地发现大家都很能说，这样的家庭很多。也是由于从白天就开始进酒，春晚的电视节目也很搞笑。想想看，即便是平日大家聚在一起用餐时，父亲母亲都会变得很兴奋。

无论是谁，在吃饭的时候都是幸福的，与过去需要安静地吃饭否则就遭到训斥不同，尽兴去享受的不就是吃饭吗？也只有在吃饭的时候大家才能聚到一起，因此，一大早就出门的孩子们，回家很晚的父亲，抛下不如意的当下，为了家庭的团聚，尽可能养成大家一起吃饭的习惯。

首先要换个大饭桌，4口之家，要配备6人用的桌子。父亲喝酒，孩子们要做功课，母亲要折叠洗好晒干的衣服，饭前饭后杂用的饭桌。东西过多摆不下，小得咔嚓咔嚓发出声响的饭桌是派不上用场的。材质尽可能是木头的，塑料的廉价的、咖啡座风格涂黑的，缺乏作为团聚中心的可靠性，是不行的。

椅子可以是多种多样的，适合家庭成员不同的需求，尽可能大一些，在椅子上可以盘腿坐的结实的比较好。不仅是吃饭用，而是在这之前之后二三小时都要坐的椅子。

在饭桌上，大家最讨厌的是“拿这个来”“拿那个来”，为了避免这种情形发生，手所能伸到的周围预备一个可以放置各种东西的大橱柜。不仅是餐具，从书架上可以拿杂志、报纸、药，从邮票到信封、裁缝用具，电话旁有通讯录、草稿纸、笔筒，从威士忌酒到茶叶筒。

营造这样一个餐厅，你会感到，家庭成员汇聚于此，无话不谈。这不仅是餐厅，还是家族室。那么客厅到底是什么？请看下一章节。

4 座敷：日本住宅中比较高档的会客场所，地面上铺榻榻米。

有效使用客厅的方法

住宅中最上档次的房间要属客厅，是目前建造的日本住宅中近90%要具备的房间。当问到客厅的用途时，回答是为了家族团聚，接待关系密切的客人。那么实际情况如何呢？称为客厅的房间只有一个，因此与用餐、餐后、休息，有时也会睡觉的餐起一体的空间不同，完全与餐厅分开的话，这里基本上就是死房间。

也就是说不怎么使用的房间。理由是，不仅是日本人，人在就餐时团聚感最强。因此以食为中心的饭桌作为娱乐的焦点就足够了，这是极普通的家庭。吃饭结束后转移到客厅进行聊天，这是欧美人的习惯，日本人没有。

那么客厅为何物？看看输入源头的美国，在那里也与客人会晤。果然如此，日本人察觉到客人来了要请到最好的房间，不就是过去日本人家称作“座敷” 的房间吗。西洋风格的“座敷”也就是一种接待客人的客室，特别是地方城市，把家里最好的东西全都集中在那里，成为大展示场的较多。

从不弹的钢琴到博多的娃娃，从装洋酒的角桌到从国外买来的土特产、高尔夫奖杯等，摆放在房间，房间要接待客人保持清洁，因此孩子、家属不得进入。然而为何要选择朝向最好的场所？

这种不大使用的房间，如果确定需要的话，应让其与接待室相连，在玄关旁边做一个小房间，在餐厅进行团聚即可，如果认为不应在客厅团聚，也有办法。

尽可能把客厅做大，将就餐空间组织进去，音响、电视、书柜、家用电脑，将家中最快乐的东西集中在这个房间。这时你会惊讶地发现，家属都集聚到这个房间了。让你家的客厅起死回生的两个方法，你选哪个？

吊柜的位置也可以开窗

喜欢收纳的主妇特别喜欢厨房的吊柜。厨房一方面是作业场所，同时也是家中物品最泛滥的地方，平日凌乱的房间令人感到束手无策。

实际上，日本的厨房比起欧美的厨房有着近两倍的物品，加上混合了和洋中三种文明的地理条件，从烹饪用的炊具到餐具都各有三套，有炒锅、圆桶型的钢精锅，还有鸡素烧用平底锅，有涂漆的日本碗，也有中餐的海碗以及汤碗等。这是事实，因此收纳场所需要很多，主妇们向我们设计人员提出要有连续的墙面，两边至天花板全部做成吊柜。

那么，我们设计的吊柜被有效利用了吗？经调查得知，里面贮藏有从羊羹到3年前岁末的海苔罐头，还有一捆洗过的一次性筷子。真正必要的餐具只放进一半，剩下的任其泛滥。总之，塞满了一些没有用的东西。

仔细想想，理由很简单，日本厨房用得最多的炊具类都很沉重，人臂部的肌肉把重的东西从下往上拿是灵敏的，而向上推是困难的，所以不要将重物放入吊柜里，要在腰以下收纳，从下向上拿出来使用。素烧锅、砂锅、大口瓶、米柜都放在灶台下面，绝不能放在吊柜里。

但是，好容易做了吊柜，如果不用的话就很浪费。主妇们还是想适当放入一些轻的东西，其结果还是把一些无用的东西放进去了。

现今，日本的厨房真正需要的收纳，是腰部以下放重物专用的收纳以及放入盒子或罐子、瓶子里的半加工食品用的两种，吊柜是多余的。因此不如在墙面上开个窗，一边看着外面的景色，一边进行烹饪作业如何。建筑师这么想的，但是……

儿童房是学习的房间吗

入学考试结束，新学期开始之际，思考一下儿童房的事情如何？的确有孩子为了应对考试，在大家熟睡时拼命学习的状况，有一个独立于其他房间的单间儿童房自然比较好。在这个意义上，对于儿童房没有疑义。但是，为了让孩子好好学习而给予儿童房，父母的初衷是否正确是另外一个问题。

可以断言，一般孩子都讨厌学习，就算是想去自己理想的学校而发奋学习，本人也并非快乐地学习，我们都经历过，应该了解。那么为什么父母还会认为，有了儿童房，孩子就会主动进屋自觉地学习呢？

问一下孩子们，首先上中学之前喜欢儿童房的孩子不多，他们更喜欢待在有被炉、餐厅那样大家经常待的房间。如果这一代有喜欢儿童房的孩子，多为家庭关系不好的家庭。到了高中以后，喜欢儿童房，但绝不是为了学习，而是想拥有自己的领域，有时更多的是想逃离父母的管教。

因此希望父母考虑一下，儿童房是孩子有自我控制能力，有必要拥有自己的领域时才需要的空间。因此，不会整理自己的物品，不会打扫的孩子不要给予儿童房。给予会整理自己的衣物、图书、漫画等，能在自己的场所阅读的孩子儿童房，但绝不是学习的房间，是属于他们的场所。因此，望子成龙的父母不要去为他们整理、打扫房间，不管乱得多么惨不忍睹。

在那个房间学习与否，如何培养孩子是父母的问题，想学习还是不想学习是孩子自身的问题，不是儿童房本身的问题。

心想事成的家装清洁

逐渐洒入室内的阳光越发明媚，早上，朝阳亲吻着地板斜着射入房间，此刻落在地上的微小灰尘都会变得显而易见，看到灰尘就会立即想进行扫除。实际上我发现，比起衣服来最容易脏的是内装的布艺类，不知为什么却很少去洗涤它们。

想想看，窗帘上一次是什么时候洗的，不会是自从挂上就没有洗过一次吧？地毯、椅子套是什么时候洗的？想想看，也许很多家庭都很少去清洗。

玻璃经常擦拭，地板贴面也会用布去擦洗，浴室、厨房瓷砖定期用海绵去清洗，而为何最吸灰的、引起宅病之一的鼻炎最大原因的布类却不去清洗呢？

主妇们抱怨说，那样大的家伙，家里的洗衣机洗不了，晾晒、熨烫太费事，送到干洗店太贵。但有关德国家庭主妇家事的书，明确写道“窗帘每3周在浴缸里洗一次，可以不烫，挂在窗帘滑轨上就会晾干”的方法。

总之可以用这样的方法去清洗，但是日本人没有人去想这些事，这是习惯的问题，事实上，窗帘吸灰后变得沉甸甸的，贴有塑料墙纸的墙壁和天花板被烟熏成茶色，地毯也是螨虫滋生的巢，这些地方不加以清扫，令人作呕。

只要想做，的确窗帘可以在浴缸里洗涤，如果使用投币式大型洗衣机和干燥机，只用一天的1/4时间，家里窗帘就干净了。地毯也是一样，1年洗1次的话，让它到洗衣店去出差也没有什么了不起的。也许你长年苦恼的鼻炎会得到治愈，椅子套最近时兴从一开始就买带拉锁、可以拆下来清洗的，重要的是要有想做的心，是不是想过清洁舒适的生活的问题。

停止再建储藏间，把破烂扔掉

年末扔了那么多东西，家里彻底被收拾干净了，可是过不了多久，物品又开始囤积起来，为何物品总在徒增？尽管这么说，脸上并没有流露出不悦的表情，这就是战后日本人特有的性格。认为物品越多幸福指数越高的人类，没有办法。

买足够的衣柜，壁橱中前后上下都堆满了物品，这还不够，在庭院前还有两个成品的储物箱，物品仍然在肆无忌惮地膨胀着。到了这种地步，大多数家庭认为只要有仓储就可以解决问题，什么都可以往里扔，要用的时候拿出来即可派上用场。但是有这么有效的房间吗？

听了一对老夫妇关于孩子搬出去后，一个房间空下来作为仓储使用的情况，以及建了储物间的先辈们的经验得知：

收纳场所增加使物品得到处理的思维，就像拓宽了马路就可以解决交通拥堵的想法一样幼稚。先辈们告诉我们，收纳增加了，就会安心地再去购置东西，那个储物间，瞬间就放满了东西。放满后就不用了，到了仓储空间饱和的时候，物品就又开始在房间中堆积起来。

扔进去关上门就看不见了，基于这种性格，仓储中从来没有被很好地收拾。正因为如此，物品难以拿出来，自然而然，成为几乎与日常没有关系的物品。在高价的土地上花费高额的人工费，建造出堆积没有用的东西的房间，就是仓储。

我亲身经历的被客户硬逼着设计了有4个储藏间的住宅，尽管如此，家中的物品仍然泛滥成灾的情况层出不穷。“夫人，不要再建储物间了，考虑扔一些东西”，建筑师这样好言相劝，“那不行”，主妇们依然反复强调如何需要储藏间。

沙发的逆转

一般每个家庭都有称为“客厅”的房间，如果还有用餐的房间，基本上沙发只有在客厅使用，但是公寓一般客厅与餐厅、餐厅与厨房连为一体的较多。那就是家里唯一的团聚房间，也是客人来访时用的房间。

因此，餐厅配套的桌椅以及沙发，对面的安乐椅，以这种客厅配套的形式组织了房间。但是，在那里摆放的沙发，据各种调研得知，似乎不怎么使用，甚至有报告称沙发是不需要的。实际观察发现，比起坐沙发父母们多数更愿意坐在前面的地上，把脚伸开，似乎这样更加安稳。这时沙发只是单纯的靠背，只有孩子们喜欢在沙发上跳跃。

有人认为日本人不习惯坐椅子，更喜欢席地而坐。配套家具齐全时，就会使人联想到公司的接待室，沙发作为客用而被选择是其原因。

因为是为客人准备的，比起坐上去舒服，看上去排场更重要。扶手部分是木质的，双人沙发看上去像人造革的塑料的硬座，买了这种坐起来不舒服、缺少亲切感的沙发，谁也不想去坐。

沙发这种东西，比起坐来，更适合躺卧。醉酒后就会一头栽倒在沙发上，朦朦胧胧地看着电视。精疲力竭地回到家，也会倒栽葱地倒在沙发上伸胳膊伸腿的，并不是为来访客人准备的。

既然如此，选择一个可躺下一人的大小，座面、扶手是柔软的布或皮的沙发，就像大的靠垫集中在一起那样，选择有弹力的东西不是更好吗？另有一个柔软的靠垫当作枕头放在上面，把它摆放在电视机前。于是发生了过去难以令人相信的事，大家都去坐沙发，家庭频发沙发争夺战。

家里传来消息说，和一个女儿一起住的两人，为争夺一个沙发，每天晚上都发生争执。

观赏植物、盆栽集锦

这是与有着东京1.5倍的家庭、3倍土地的地方城市无关的话题。如果住在都会，就理所应当地住在公寓的今天，人们逐渐知晓其生活好的方面以及不好的方面，与一户一栋住宅不同，最不能容忍的是接触自然越来越少。

首先是住宅被密封得很严，引入新鲜空气少了，打开窗户，室外的噪声、难闻的气味就会进来。想在露台喝杯啤酒，由于过于狭窄以至于放不下一个椅子。其次在周围公寓以及高层的俯视下，不是一个可以放松的场所。

结果，就宅在室内过着类似饭店的生活，这样完全不知道外面的温度，今天出门应该如何着装，如果不打开玄关的门，走出走廊，就无法知晓外面是否下雨，只能看看下面街上的行人是否撑着伞来做判断，不自然的生活成为自然。

这种不自然的人工物，只是在某种程度上保护居者而已。应该养成尽管有些噪声，也要痛快地打开窗户，让外面的空气吹进来，把椅子搬到露台，坐在那里看着街道（为此要把阳台的破烂处理一下）的习惯，还可以让家内外尽可能引入代表自然的植物类。

植物是有生命力的。到了春天，所有植物都将幼芽隐藏在树叶的下面，告知我们春天已经来到这里，不仅如此，还会让我们感受风的流动，舒适度，光的照射方法，美丽以及植物不进行打理就不会成长，人和自然互动的关系，而发挥重要的作用。

但是这些植物栽培起来是非常麻烦的。在公寓中往往缺少花草绿树，你不想尝试一下把自然引入室内，大胆购入观赏植物以及盆栽的花草吗？你会突然有一种自然来到身边的感觉。之后，让你拥有与绿色一起生活的心情，这不是很好吗？

温暖的“被炉”是家的中心

专家都说，最极致的采暖设备是地板采暖。了解“头凉足热”远红外线原理，就会知道那是十分理想的采暖设备了。只将室内空气加热等采暖手段都是一时的，而将建筑物的一部分地板加热则有效得多，是真正的暖房，这是完全正确的。

那么，尝试去安装进行了各种调查，就是管子从地下通过，用锅炉烧的热水进行循环，或者满铺表面发热的木板，工程十分繁琐。听家中有地板采暖的朋友说，采暖费很是昂贵，回到家后房间不能马上热起来，还是买电热地毯铺上最划算。

下次翻修改造住宅时要认真考虑一下，（这样，问题又搁置下来，家中问题基本上到什么时候都是议而不决的），那么今年冬天如何御寒呢?

于是，家里不知道谁在说，家具风格的被炉怎么样？家中展开了讨论。父亲说，放置被炉没有移动性不好，拘泥于过去习惯了的东西；母亲基于朋友家的体验说，高度太高使用起来不便；孩子们抱怨有异味而不喜欢。家中弥漫着反对的声音。有一天，父亲在公司抓阄中了一等奖，抱回来了一个。

虽然在摆放的位置上发生了一点争执，但大家对新的东西并不讨厌，马上就投入使用。经常在儿童房待着的孩子们出来了，集合在这里，把脚伸进桌底，看着电视什么的；父亲也一反常态，一起加入进来，还不时地询问着演员的名字；母亲在休闲地看书，非常有生气。

仔细想想，暖炉也好，过去的地炉也好，那里是最温暖的地方，而且营造了大家可以聚在一起的场所，成为家的中心是自然而然的事。也有局部地板采暖的方法，明年再正式讨论吧，结论又被推迟了。

如果为了休息，还是选用白炽灯的黄色光

一边盘算着白天长的日子还很遥远，一边思考着夜晚唱主角的照明器具。

日本战后的住宅和过去相比，有发生很大变化的地方，也有一成不变的地方。发生变化的代表就是铝合金门窗和荧光灯，两者都达到近100%的普及率。对外部门窗、照明，人们似乎不再考虑除此之外的替代物了。

但是走访了许多国家，细心观察发现，欧美先进国家的住宅几乎不使用这两样东西。欧洲住宅的窗框几乎都是木制的，在美国很难找到使用荧光灯的住宅。据说，在住宅中使用这些产品让人家笑话，一致认为，在住宅中使用这样廉价的东西丢人。

而日本完全不同，两者都很便宜是得以普及的最大理由。同样的亮度，电费比白炽灯便宜而选择了荧光灯。而且将荧光灯孤零零地吊挂在天花板的中央不加任何装饰，这样的家庭不计其数。

但是反过来，我想问的是，家里明亮就好吗？有那样亮的必要吗？家是什么场所？

家是让家庭成员安心休息的地方，荧光灯的蓝光是为了工作而存在的，如果休息，白炽灯的黄色光才是最佳选择。最好的证据是你去修身养性的酒馆、品尝风味的高档餐厅看

看，使用荧光灯的几乎没有。

夜晚走到公寓，从窗内透出苍白的荧光灯的话，居住者一定属于中低收入以下的阶层，这种分辨方法为人所知，使用的是即便回到家中仍可以继续工作的照明，但怎么也等不回来主人，这种说法虽有些夸张。而且即使电费便宜，电灯泡、照明器具只比白炽灯便宜几分之一而已，事实上从长远来看还是白炽灯便宜。

我设计的住宅一律不安装荧光灯，让大家都怀着温暖的心去居住，主人每天都会以归心似箭的心情往家赶。

2

谈谈街道和建筑

人类为什么要建造住宅

生活优先

环境决定住宅的形态

建房和买房

在城市居住

一起居住时

人类为什么要建造住宅

地球上建有无数的建筑，其中数量最多、占地面积最大、投入资本最多的建筑——是住宅。

顺便说一下，住宅也是最古老的建筑。考古学、民俗学说到原始时代，有的认为是人类从森林中来到草原时，也有的认为是始于直立行走时，有各种争论。在建筑学界，简单定义为除住宅外没有建筑的时代。

在居住场所并非人类自己建造，利用天然的洞穴、枝繁叶茂的树下躲避风雨的时代结束后，人类开始使用工具，砍伐树木，勉强搭建简易的小屋那样的住居，这就是原始时代。

与此同时，也是人类开始聚居的时代。群体与群体同类争斗时，产生了权力者。为收纳群体共有物及权力者财产，需要仓库这类建筑，成为宫殿、神庙，然后为战争而建的城堡、城墙、望楼、瞭望塔等，日本吉野之里看到的各种建筑诞生了。后来一泻千里，相继产生了各种类型的建筑。

随着技术、文明的发达，有了水库就有了水库小屋，有了涡轮就有了工厂，有了银行就有了办公室，有了汽车就有了车站，每当发生了新技术或新需求，就相应产生了新用途的建筑，这就是建筑的历史。今天人类究竟拥有几千种建筑，谁都说不清，但是可以肯定的是，尽管种类繁多的建筑在增加，住宅的数量依然是首屈一指的。

比如，日本的人口今天是1亿1千万，住宅是4千万户以上。假定世界人口50亿人，按照同等比例计算，就会有约17亿户住宅。其他什么样的建筑都不可能与之匹敌。

那么，住宅建筑历史为何这样古老？又如此之多？当然是因为它是人类居住的建筑，人类基数大，可以简单回答，但问到为何居住需要住宅，一般都不能简单作答。车站是为了人乘车而存在，办公室是为处理事务而存在的建筑，都可以简单定义。住宅是为居住的建筑，那么居住是什么呢？因为居住并不像乘车那样是单纯的行为，所以比较难以作答。

可以在那里睡觉、吃饭、洗澡、团聚、看电视、招待客人、生儿育女，可以列举很多，睡觉有旅馆、饭店，吃饭有街上的烧烤餐厅，洗澡有公共澡堂，抛开住宅不能做的事是什么？难以回答。

据上野动物园园长说，动物是从生崽开始筑巢的，动物的巢是为了养育孩子而建，这个功能完成后，巢立即就拆掉了。看看鸟类筑巢就是这样，造巢不是师从于谁，而是动物所具备的本能。有了孩子（这也是本能，不需后天学习，到了一定时候就要生育，就会使然）就会主动地筑巢。

人类也是动物，应该也是为了抚育后代，作为家族的场所建造住宅。车站为方便乘车、机场为了顺利乘机而建，住宅首先是为方便家族一起生活而建。

但是看看最近建的新住宅，与其说为家族而建，不如说为社会、为自己的虚荣而建。多见从杂志上剪下来的彩页，只有装饰美丽的客厅，不见有家人欢乐气氛的客厅风格。过于华丽的整体厨房，完全没有大家一起品尝烧秋刀鱼的快乐场面。外观奇特而没有家的感觉的住宅比比皆是。

而且好容易设计了主人的书房、儿童房等设施完备的家，丈夫和孩子分别关闭在自己的房间，家人之间的会话消失了。面对走廊的门关闭着，家中谁在哪里，都在干什么，全然不知，即所谓酒店式住宅的登场。

那么为什么要建住宅？变得模糊不清了。

在这里再强调一遍，家是只为家族黏黏糊糊在一起而存在的建筑，应回到这个原点。对自己家庭来说，能互相确认、肌肤相亲的应是什么样的住宅？请从这里出发。

5 蚀刻版画：一种印刷工艺，常用的方法是把画稿复制到透明的涤纶纸上，经过蚀刻和染色，在铝板表面上形成有凹凸立体线条的彩色版画。

生活优先

如果要建造自己的家或者为自己公司建造办公室时，你首先会构思什么样的建筑呢？

普通日本人的思维模式都是固定的。一提起住宅，脑海中就浮现出从哪个住宅展示场看到的或妇女杂志彩页出现的华而不实的形象——装饰着精美的蚀刻画[5]的起居室，意大利的皮沙发。如果是办公楼的话，像丸之内、有乐町区域内现代风格的玻璃和面砖的高层，一层走廊有接待总台，漂亮时尚的接待小姐殷勤的微笑服务。

夸张地说，即便你的家位于必须走一个小时雪路的山中，几乎没有客人来访，晚餐是中餐剩下来的东西在微波炉里一转就搞定的生活，在考虑设计餐厅时，仍会浮现出饭桌上银色水桶中放着冰镇葡萄酒的情景。办公楼也是同样，仿佛完全没有第三产业等，即便是中小企业社长以下全体员工汗流浃背地完成生产、打包、发送以及销售。玄关门厅哪怕只是一部分也行，贴有大理石，接待室的椅子是皮革包装的，室内摆设着与工作无关的古董风格的瓷器等。

也就是说，从住宅建造方到办公楼的业主，考虑的都是与日本人自己实际生活无关的东西。家应有的规格，办公室应有气派，这样一种形象先入为主，被它所牵制的构想。

这是日本文化特有的形式。在日本想要学习什么时，认为理想的某种形式首先被记忆下来，逐渐实体化，让身体去适应，这种做法很普遍。

以学习跳舞、茶道等典型的日本艺能为例就会明白。首先为什么这样做？你在不知道理由的情况下盲目地接受了某种形式的教育，“左手夹着小方绸巾，慢慢向上撩起，眼睛跟随着它，稍后右手……”为什么在那时眼睛要跟随着小方绸巾，一般得不到解释。

特别是这样反复几次，就会逐渐接近某种形式=形象，完全学会了复制型。而且所谓翘着脚尖，当你感觉勉强可以够到的地方，你的脚下自然就被埋没了。不久那个加上脚尖的身高就成了你的自然尺寸，即你顺利通过你的动作（举止），就可以进入新的高度，得到师傅的表扬。

首先，什么都行的理想形象在脑海中浮现，在跟随它的过程中逐渐把它实态化，这种日本式的形而上的思维模式，在建造建筑时会自动启动，这就是日本人。因此，不是没有成果，设计建筑时也是一样，那种思维是有问题的。简单地说，建筑是容器，是放东西的，为了放入什么东西而制造容器，就像啤酒瓶不让碳酸跑掉而制作、胶片盒是为胶片不感光而制作一样。

建筑也是一样，机场是为了人能便于乘机而存在，办公室为工作人员便于处理事务而建是理所应当的。但是日本人为了显示国家威风，建造难以使用的机场，客人可以看到的正面建造得很美丽壮观，而里面都是使用不便的办公楼。是以有气派的形象优先。

住宅这种居住用的建筑，话题更加切实，有的为了给别人看搞得很漂亮，但是很难用的。起居室还凑合，购买了不考虑使用方便，只考虑美观的整体厨房每天累得精疲力竭，腰酸背痛的例子真实存在，人们明明知道往酒瓶里灌上水也变不成酒，还梦想着给予了儿童房后，厌学的孩子突然会努力学习，建造了漂亮的客厅后，几乎不说话的家族突然聚集在一起合唱。

环境决定住宅的形态

由于经常在世界各地旅行，发现世界各地的住宅都有相同的地方，也有不同的部分。

由墙、屋顶围合起来的遮风避雨、防止外敌侵入的空间，基本上是家族居住的，建造住宅的材料，都是当地唾手可得的原生资源。这是世界各地住宅的共同点。从新几内亚原住民的住宅，到美国城市生活者的住宅，在这点上几乎同出一辙。

住宅是以家庭为单位居住的，这是人类居住方式的根本。只要家庭这个体系本身不瓦解，无论哪种文化、民族都会持续下去的。（当然也不乏几个家庭一起居住，或者只有同性一起居住的特例）。

材料、建造方式等受土地、风土制约的部分也是不变的。因为气候、风土这个东西基本上不会改变。就日本的气候而言，四季分明，夏季高温多湿，闷热。雨水在文明国家中也属于最充沛的，年降雨量达1600毫米，相应冬季也下雪。只要这种气候条件不变，相应的住宅建造方式也很难改变。

但是另一方面，热带的住宅和寒地的住宅，基于文明差异及传统居住方式等影响，各个地域的住宅都互不相同。降雨多的地方、树木茂盛的亚热带的住宅是用木头建造的，为了防雨，屋顶很厚，为了凉爽，墙体极少。同样在暑热的中东和近东、非洲国家的许多住宅为了躲避热风，墙体用土坯砖等垒砌得很厚，窗开得很小。由于雨水少，屋顶是平的，很简易。

另外文明程度不同，城市不同，住宅的形式也不同。在巴黎、罗马这种欧洲城市，说到住宅，基本上是指集中居住的共同住宅、公寓。而在美国、日本，则认为郊外一户一栋的才是住宅。城市型的前者以租赁为普通的形式，而郊外型的后者作为私有财产受到青睐。

然而，随着文明的进化，也有变化的地方。日本减少了70%以上的农民，同时以同样的百分比成为工薪阶层，在城市的办公楼里工作。城市被商务、工厂、第三产业的新设施所占领，所以人们不得不居住在郊外。由于土地价格的高涨，宅基地、住宅越建越远，越建越小。

但是随着技术的进步，通勤有高速电车，高温多湿的地方有空调、冷风，从烹饪、污水处理到信息交流都可以用新技术进行解决，可以看到舒适性超过了地域特性，在某种程度上被世界性地同质化了也是事实。

身为日本人的我们，像世界上许多人一样，用塞满了冰箱的超市食品，煎猪排、煮意面、烧蛋包饭，夜晚在荧光灯下享受电视节目，然后在贴有瓷砖的浴室洗澡，在床上睡觉，快乐的电视节目尽是些西洋片CNN等。

这不仅是在日本才有的现象，世界上有相当多的人共同拥有这样的生活方式和技术成果。

文明的进化是在不同地域、不同时代的交互过程中朝着同质的文明、生活以及持有家产的方向移动。但是，我还是希望对其中几乎没有改变的地域特性的坚守给予关注。

比如我们日本人在家中不穿鞋，喜欢不涂漆的木料，没有停止吃生鱼片和米饭。虽然睡在床上，谁也没有真正地做床饰，大部分还是把棉被铺在上面睡觉。在家里使用刀叉，一边喝着果酒一边进食的很少，因为自古以来持续的生活环境保守的部分没有变化。不仅如此，更小的地域嗜好的差别，狭窄的家中，也有套间附带的佛堂，赞歧人中午饭还在吃乌冬面，关西人喜欢吃烤牛肉，关东人喜欢吃里脊肉，北海道人喜欢密闭房间，使用热得烫手的暖气，而冲绳人喜欢开敞的开放做法，这些并没有改变。

再以更小的尺度看大城市周边的商住混合的密集地，与同样密集只是居住的郊外住宅相比，建造方法不同，住民不同，生活不同，容纳这些的街道构成也不同，当然建筑以及建造方式也不同。在城市被允许的10层一室户的公寓，在郊外会以不协调为由遭到周边人的一致反对，其建筑与环境是否匹配取决于人的判断。

正像用茅草覆盖屋顶那样，即便看上去都一样，也不要忘记其有着不得不受到其风土环境微妙制约的一面。

建房和买房

50多年前，我们的父辈、祖辈还健在的时候，日本是农业大国，以大米为主要食料，可以做到自给自足。作为民族是名副其实的农耕民族。

这种生活自江户时代300年以来一直持续下来，因此日本人有着深刻的作为农业生活者的意识。农业是插秧、种水稻等，共同作业是原则。因此以村为单位，集体行动，过着简朴而纪律严明的生活，一年一度节日的欢愉，使人忘记了辛苦。今日日本人无意识中所坚守的意识的原点，多是源自这里，这是学者们一致的共识。

关于家产的意识，基本上是土地中心主义，这也是农耕民族的创想。土地是生产的母体，作为农业收入的唯一手段，没有土地就没有一切。受到与村庄断绝关系的处罚被放逐到河滩的人们必须有艺在身，因为那里寸草不生，是不毛之地。

不管怎么说要拥有、管理土地，在那里要经营农业确保生产基础，在那里盖房子居住，首先是土地，然后是住宅，最后转给后代，周而复始保证一个家庭的安定，是人们生存方式的基准，理由是“把美田留给子孙”。

家，本来就具有依附于土地的性质，因此不能割裂土地来考虑。首先要有土地，然后是在这个基础上建造管理者居住的家，这种土地为主、家事从属的定位关系，今天依然是“土地之上是免费的”不动产业界创想的母体。

家、建筑这种意义和作用，是日本从农业国变成工业国的过程中逐渐发生变化的。70%左右的农民居住在大城市周围成为薪金工人，确实不是从土地收获，而是靠与劳动对等的工资生存。土地的作用变了（当然，商务、产业以及就业人口的集中，使得土地价格上升，货币贬值，土地产生了无法与农耕时代相比的更大利益，这姑且不论）。

在工业化社会，薪金收入是与劳动等价的。土地即便稍微搁置不管，也可以收获粮食，但工作稍微懈怠，收入就会中断，比农耕社会更加严酷，即不劳动者不得食。

反之，劳动的分配收入高，除了像农业时代那样每年搞几次节日庆典以外，其余的收入可以用来游玩，节日里，与特别的客人、可以谈得来的朋友在一起，酒、鱼、乌冬面、烧饼等，只要有钱就可以尽兴，暴饮暴食，如同大家所熟知的那样。

得到这些快乐，金钱是绝对必要的。人们逐渐明白，生财之道比起土地劳动和生意更重要（土地产生意想不到的高收入，是以货币贬值为前提的所谓异常时代，我们在泡沫时代才认识到）。

劳动的基础是安定的生活，商业如果没有满足客户的商品和设施就无法立足。因此，开始意识到用与土地不同的价值观来判断设施以及住居。因而获得充分的休养，为明日的劳动积蓄能量的家，土地，尤其是必要的，在城市这种集合居住的场所，相对高档的购物设施、饮食、娱乐是不可或缺的。

家、设施，这时开始在土地上建造。那么物体本身有什么样的内容，其物体单独的质量受到关注，而且农耕时代不可能想到的设施、家本身与土地割裂开来买卖的时代开始了（像美国、大部分欧洲国家，这些早先进入工业化的国家与日本不同，地上物收费，“土地免费”受到肯定，家作为购买的商品而存在）。

如前所述，日本还远远没有脱离农耕民族意识，比如装配式住宅那样完全是以地上物在交易的家，商品住宅从一开始建造就是销售的形态，并且像公寓那样土地所有的划分出现了土地的存在被抽象化的现象，随着城市第三产业住宅化时代的发展，这种现象愈发严重。

从“建造”到“购买”时代成为常态，开始进入这样一个时代，在城市不仅是业务，居住也可以“租赁”。

这里并非评述哪种是正确的，让大家意识到原本只想建造的住宅和建筑，目前是可以“购买”“租借”的时代了，选择哪种方法开始变得重要了。

在城市居住

日本人每当要拥有、建造或购买自己的住宅时，大部分人就会联想到郊外一户一栋的住房，憧憬着在自然资源丰富的田园风景中拥有属于自己资产的家，在院子里种满花卉果树，在草坪上建起一个高尔夫练球场，在挂着白色蕾丝窗帘的窗户露出家庭成员欢迎笑脸中回到家中的图景。

但是实际上如何呢？的确是属于自己的房子，看上去客厅虽建得时尚、洒脱，只是面积与期待值相差甚远，薄薄的墙体，地面只有表层才是真材实料，撤掉玻璃就会倾斜的薄薄的铝合金门框，紧挨着狭窄的宅基地一角就是邻居家的厕所。由于光照不足，所以也不想种植花草绿植，事实上连草也不生长。就是这样的基地还远离城市中心。为了还贷要加班加点地工作，夜晚花费两个小时回家，公交车已经没有了，漆黑的夜晚，连售货车、便利店都找不到。而且，虽然在郊外，却没有绿地，在住宅区走一会儿就不得不往回返是普遍的现象。

为什么成为这种情况？

理由很简单，日本这个民族原本是农耕民族，即在广阔的田野、水田的中央居住的人种，也就是在近50多年很短的时间，随着快速的工业化，不得不离开乡土居住到大都会的周围。城市中心是商业、工业、商务的场所，应该居住在水田中央的人群涌向和集中在大城市，于是人们开始想办法居住在有着农村景象的郊外。城市周围布满这类人群，建造了土地利用率极低的一户一栋住宅，结果造成了土地价格高涨。基于这个原因，薪金工作者的收入只够在偏远狭窄的土地上建造贫民窟式的家。

如果像欧洲、中国那样，人们在城市中心只建中高层的公寓，有效利用土地的话，东京的地铁也许只有山手线内环线，现在23个区的人口都住进去了。而且可以规划像样的公园、绿地，充足的商业、文化设施，街道外围会有丰富的绿地环绕。

如果是这样的街区，就不会有通勤的高峰，也不会因通勤占用你宝贵的时间。在回家前可以去美术馆、图书馆转转。因为可以早回家，晚饭后能和家人一起看电影，去拜访朋友、同事，也可以参加晚上趣味俱乐部的活动，使得目前贫乏的郊外住区遥不可及的事情变得可能。

那么为什么不去享受这样的生活呢？回答的理由当然是城中心地价昂贵，房租也高，但这都是可以解决的。“商务”都在强调自我，占据了城市中心，一味地带来异常的地价高涨。工厂自不必说，将不必要的业务都迁出城外，立体地有效地使用空间插入住宅，把目前只给一户一栋优惠的税制等，转向以城市型住宅为对象就可以了。在巴黎、罗马以至欧洲城市，也是城市中心的地价、房价高，但是国家采用所有手段，帮助人们在城市中居住，使之成为可能。至于日本，那是政治决策问题，只要想干就能成功。欧洲的国家运用税制和法制，让人们方便地居住在城市，是因为欧洲人从根本上愿意住在城市，认为所谓的城市就是人居住的地方，不是只有工厂、政府机构的地方。

与此相反，不想和别人一起居住，朝向绝对要好、不需要来自他人的干扰，拥有自己的住房等，悠久历史培育的日本人特有的农耕民族意识是有问题的。只要有这样的思维定式，不管是位于需乘坐新干线才能到达的300公里以外的地方也好，还是花费2个小时通勤时间也好，日本人都不会放弃居住在郊外的理想，这一现状至今没有改变。

日本已经是完全的工业国，实际状态是工业国化了，但是事实上意识还停留在农民的层次，没有像工业国那样居住在城市。而居住在既非农村风景又与自然相隔的地方，处于这种不伦不类的状态。

农耕民族的意识是否能改变呢？如果能改变，对目前的住宅和住宅区环境大部分不尽人意的情况就会消失。据说日本人要习惯于这种思维方式还需要30年时间，如果不改变的话……

一起居住时

本人有机会参与1993年开始的东京世田谷区的住宅表彰事业。

说是住宅表彰，但不是学会等建筑机关、杂志等所举办的以设计为对象的大奖，而是要表彰扎根于世田谷区地域文化而建造的住宅，表彰通过反复增改建40年持续居住的住宅，或是向周边道路开放的绿地规划以及与有残障的居住者一起精心设计的住宅，但发现应征的住宅作品有一个共同点。

应征的数十个住宅几乎都不是简单的一个家庭用的住宅，最多的是占地面积231平方米左右的规模，经过改建让两代人使用，或者一部分与租赁住宅并设，以及小型公寓化是普遍倾向。

自古以来，中产阶级的家庭当一起居住的孩子进入了独立期，考虑到产权继承税和老年生活照料的父母，没有能力自己购买宅基地的孩子，选择两代共居是双方经过权衡利弊的结果，虽然早为人知，但没有想到如今会有如此高的比例。

当然，是在世田谷区域内，基地是战前的地产，规模比较大，其面积勉强可以建成两代居，区位是附近郊县无法相比的。距离市中心近，方便性高，木结构165平方米，工程费5000万日元左右，孩子独立贷款，勉强可以负担，自然景观丰富，是成熟的社区，父母孩子可以住在一起。

也许，不仅是世田谷区，日本各地城市及其周边地区的这种倾向是普遍存在的。的确针对土地的高涨，对没有牌可打的政府来说，两代居住宅是民生的智慧，有效利用城市的土地，从新开发的土地中为孩子一代提供良好的居住环境。双方策划建设，共同管理建筑，降低造价。父母可以得到老后的照顾，孩子一代在事业繁忙期可以把后代托付给老人，双方可以兼顾。

一般认为这种住宅形式可以维系亲子的天然的纽带关系，是完美无缺的。但是实际上轻而易举地建造这样的住房，失败的例子太多了。下面我们分析一下其理由：我认为一般两代人要住在一起，同居的根源是出于经济问题。如果经济上宽裕，可以选择不住在一起，由于两个家庭都是经济观念优先而住在一起了。

尽管血脉相承，但父母与孩子之间存在着代沟，价值观不同。孩子一代夫妇总有一方与父母没有血缘关系，在同居之前后代的独立生活方式、价值观已经确立。由于经济原因，两个不同的家庭（夸张地说是组织）一旦共用厨房、浴室、起居室、玄关不可能不产生摩擦。

在厨房做的东西不同，吃饭的时间不同，调味不同。看电视的内容不同的话，团聚的形式也不同，睡眠的时间也不同。

在这些方面，两家开始出现紧张的局势，在一起居住，所有的事情都开始在意。从一起清洗衣服的小事到浴室、便器的卫生、购物的方式，电量消耗等甚至成为仇恨的对象，两个家庭的意识有根本不同的部分。父母一代对孙子的教育有自己的固定模式，孩子一代认为这样的父母只能期待看家和管理佛坛。调查结果得出这样冷酷的结论：作为亲人的期待越强，遭到反对的仇恨越大。

其中，专家注意到，建造两代居住宅最好是“近居”或“邻居”，这种意见越发占优势，即就近或相邻而居，如果建造两代居住宅，就应是这种感觉。

建造住宅即使是一个入口，里面也基本上是两套，分别有各自的厨房和团聚场所（有共同的居室也可以），卧室（当然）绝对要分开，浴室、厕所根据家庭而异，如果分开的不要进入，虽然显得冷漠无情，电费、水费分开结算，两代居只是用墙壁连起来另一个家庭而已，这是关键。

父母和孩子不要认为这样太冷漠，真正好的亲子关系是相邻而居，越是越境，关系越差，一墙之隔是最有效的。

过去的人们熟知“不即不离”、“一碗汤的距离”这个道理，有事时可以互相表示温暖的亲子之情，平时可以相安无事地居住的方式，似乎是一起居住时的最佳答案。

3

关于居住的一些谈资

电影《飘》中的住宅

有穿堂风的男性房间

上海的Town House人满为患

伊朗高原的热沙

手工砖

水产生的凉爽感

有悠久历史的街道

在南岛看晚霞

走访印度大陆

有感于里约的夜晚

中国的厕所

大暖炉

被海豹占领的船坞

美丽的建筑，美丽的人

古色古香的新街道

电影《飘》中的住宅

为什么瑞德巴特勒那么火爆？那个投机商汉子哪点好……男人们都这么说。即便是这样，大家心里都会认为由克拉克盖博扮演的那个男主人公有些不到位。

确实如此，原小说作者玛格丽特·米切尔女士成功地塑造了具有粗野的知性的阳刚之气，放荡不羁、魅力四射的男子汉形象。而这次正相反，与同时推出的具有特别魅力的斯佳丽女主角搭档，男女主角很难同时达到最佳效果。

但是，电影《飘》作为永久的名片铭刻在我们心中，可以归类为百看不厌的经典影片。

电影留下深刻印象没有什么可说。但是我们建筑师苦恼的是，女人们都对那个斯佳丽的别墅感兴趣，不约而同地表示喜欢要那样的住宅。

入口门廊排列着白色的列柱，打开大门，展现在眼前的是富丽堂皇的门厅，楼梯从二楼缓缓地伸延下来。特别是那折线形的楼梯，不知为何，被所有的女性所青睐。

不知道是被斯佳丽喊着巴特勒跑下楼梯的场面，还是被巴特勒粗暴地抱起斯佳丽，爬到二层卧室的场面所感染，总之对那个楼梯印象颇深。

“在上女子大学时看了那个电影，就决定今后盖房子一定要设计那样的楼梯，无论如何要那个楼梯”大家说。

是啊，我也不是什么神仙，实现人家想要的东西是我们专业建筑师的工作。能做到的就想给他们做，做成后或许会有这样的主妇激动地说“把我抱上去”。

但正是因为是专业建筑师，我们同时也知道，那个别墅的楼梯间需要30帖（榻榻米的尺寸，1.8米×0.9米）以上的空间，被这个主妇委托设计的住宅的基地面积为180平方米，总建筑面积一、二层加起来也只有115平方米。那个楼梯首先要侵占邻居基地或内侧基地的上空，否则绝对做不成，在预算上面积分配也都不可能。

我这样一说，大家的脸色眼看着就变了。

“那么，住宅我们就不盖了。”

啊，夫人不要生气，不是内行的我手艺不行做不了，也不是丈夫的收入不够做不了，关键是那个美国南部的农场与日本城市近郊土地的差异。那个国家，人口只有日本的2倍，而土地是日本的25倍，可居住的土地为人均12.5 倍。因此可以建造那样的住宅，做那样的楼梯。我经常给他们看美国南部郊外住宅区的照片。

你看，需要这么多的土地，而在日本是困难的。

然而主妇们毫不理会地说：“但是，不是在建吗？”

有穿堂风的男性房间

韩国的冬季十分寒冷，以至有人开玩笑说，穿过汉城中心的汉江，冰冻三尺，人们可以从容地从上面通过。等待信号灯的人们都在不停地跺着脚，因为，如果在那里站立不动就会冻僵……

夏季的酷暑也很难熬，属于大陆型气候，又干又热，据说夏日黄昏，很多人尽可能不外出。

同时具有极端严寒和酷暑气候的国度，住居当然有寒冬用和盛夏用两种类型。人们根据季节，区别使用两个不同类型的房间。

冬天用的是地板下走烟道的温突（类似中国东北的“炕”）房间，这已经被大家所熟知，另一方面，关于夏季用房还鲜为人知。温突房间地板贴有油纸，墙上糊着白纸，窗户密闭性好，用贴纸的障子窗包裹着，绝对确保室内的热气不散发出去。而夏季的房间完全相反，酷热的夏天寻求通风，首先在基地中选择通风最好的地方来决定架高地板的房间位置。屋顶当然是铺瓦的，用以遮蔽夏日的暴晒，门窗只使用梨花木的柱子。

有凉爽的穿堂风这个房间，一般放有低矮的木床。可以进入这个房间的只有这家的主人和其朋友。即这个被称为抹楼的房间是作为男性专用的房间，只有男性才可以在这个家中最凉爽的房间安稳地睡午觉，一边抽着长长的烟枪，一边畅谈的场所。

男栋、女栋、儿童栋，可以说都是严格遵守儒教进行明确划分的，说句实话，在我们男人看来是令人羡慕的住房。

这个称作抹楼的房间，实际上到了日本就演化成了寝殿造等的中门廊的空间，逐渐普及演变为普通住宅的走廊，那个规格高雅的房间实际上很有意义，到了夏天，如何变化都可以，假如日本也有那样有穿堂风的房间，穿着一件浴衣，悠闲地躺在那里该多爽啊，浮想联翩。

过去韩国人和日本人不同的只有一个地方，如有可能，可以和女朋友在一起……

上海的Town House人满为患

那年，上海的天气出奇地热。据媒体报道，为了避暑，晚上人们把家中的床都搬到马路上乘凉。饭店的从业人员不舍得离开有空调的办公室，久久不归。那年的5月，我到上海时，看到马路上已经是挤满了人，后来我回到了日本。5月份还属凉爽的季节，竟然有那么多人露宿街头，如果再有更多的人出来，那将是怎样的情景啊！

上海的中心区域在世界上也是人口密度最高的地区之一，平均每公顷有1200人居住，这是住宅公团建造的居住小区密度的8倍，是一般日本住宅区的20倍。有如此密度高的人居住，其过密状态可想而知。

这些人群居住在过去法租界、英租界建造的1930年代的Town House。面向称作“里弄”的街道，三层高的欧式Town House，朝向街道一侧有围墙和门，进到里面有中庭，围绕中庭是砖结构的住房……这样的Town House鳞次栉比。过去在这里生活着的欧洲人，在治外法权的背景下像生活在自己国家一样自如，另外有钱的中国人、初期作为尖兵侵略大陆的日本人也在这些房子里从容地生活过。

现今，本来一个家庭用的宅院里住着7~10户人家，每个称作住房的单间住着一户人家。所以厨房不够用，在中庭或前面道路上都放有炉灶。没有厕所，人们在各个室内使用马桶代替。电费昂贵，孩子们趴在窗台上写作业，恋人们到公园寻求私密空间。

这是日本人很难忍受的住宅状况，但是人们表情上流露出来的是对居住在这个街道上的满足感。我结识的人都这么说，即使在郊外分到了新房子、大房子，也不想离开狭窄的城市中心的家，因为周围有很多店铺、各种设施。要享受约会、社交，绝对是城中心方便，不像日本人那么执着于一户一栋的房子，他们选择的是可以享受集体居住的都会型的家。

我们也许不能忍耐上海型的家，无私密而言的那种厕所（马桶）不可想象。但是有一点值得学习，集合居住的意识。而我们只想要自己的家，在遥远的郊外只想建造自己的家，结果都会一个朋友都没有。夜晚回到一个人都没有的地方，战前的街道所具有的直至夜晚都洋溢着居住者们的喧哗声和富有生气的气氛也随之消失了。

上海，至少还保留了那种都会的熙攘，对此表示赞赏。

伊朗高原的热沙

我到过两次伊朗，那时伊朗还是处在巴列维国王执政的时期。

所谓丝绸之路，就是从遥远的西欧到天山北麓，从南路到敦煌、西安、楼兰以及塔什干、阿富汗、开伯尔山岭等世界著名的地方。除此以外，作为支路还有无数的途径。伊朗高原也有连接东西的阿富汗和伊拉克的主路，以及由于南古都是伊斯法罕霍梅尼居住地而迅速有名的大流士大帝的遗迹波斯波利斯等有名的通往南部地区的南北向道路。

我们的汽车，开过了通往南部的路途，这里是称作“世界最干燥的地方”的沙漠地带，与日本年降雨量相比只有二十分之一的50毫米的少雨地区。若把从高山上落下的雨水由河道引到远处，中途就会蒸发掉。因此使用称为坎儿井的井，通过地下横向连接的地中运河连绵不断运来的水滋润着绿洲，只有这一点点的绿洲，其他都是土色的沙漠。

由于久旱无雨，家里的墙壁都是用土坯（土中掺入草等纤维，做成方块晒干的砖）垒砌，只有屋顶部分搭接少量的树枝，上面用土覆盖，墙、顶、地都是用土做成的，生活部分铺上地毯。民俗学者认为优秀的毛毯文化源于直接盘腿席地而坐的习惯。原来如此，对此表示认同，没有任何疑义。

由于是这样的住宅，房屋旧了不住人了，逐渐腐朽，材料可还原于大地。在这个高原上，经常经过不知道是沙丘还是遗迹或是大户人家的旧址都是生土加固而成的，远看像是山丘，近看却是古老的驮商客栈，而有时认为是遗迹的，抱着自信走近一看，不过是个山丘而已。

这个地区的主食是羊肉，当地的日本人说除了刚宰的羊和新烤的面包以外，别无可食。在旅行期间，尽吃些烧烤羊肉，或者把烤肉放在奶酪米饭上，如同盖浇饭，据说除了这两道菜，其他都难以接受。除早餐在饭店吃以外，午餐吃了烤羊肉，晚餐就吃盖浇饭，午餐吃盖浇饭，晚餐就吃烤羊肉。这样生活了两周后，连出汗都是羊味的。

在被羊味所浸润的肌肤上再沾上沙漠的沙子，皮肤变得干燥粗糙。对于伊斯兰文化与我们完全不同的价值观有些许的震惊。疲劳加上旅途的惊喜，我们拖着疲惫的身躯回到日本，恰逢日本的春天。

刚刚还是土黄色的世界，干燥的风景，而现在展现在眼前的是家家户户的庭院中、道路边，有一点空地都绿草青青，一片萌芽吐绿的景象。我还记得，在我从机场回家的途中，透过车窗看到这一景象，闻到绿草的芳香时，不觉得叫出声来："啊，原来日本是这样一个国色天香的国家。"

后来每到春天，我总是对日本得天独厚的美丽自然心存感恩，这应该是我旅行的最大收获吧。

手工砖

有机会参观了韩国首尔近郊江南市的砖瓦厂，宽阔的基地遍布着作为原料的土堆成的山，以及完成后等待运输的成品砖、废品砖和埋在土里的砖。作为燃料的煤堆成的山、用砖搭建的办公室、职工宿舍等，砖的生产流水线一目了然。

新鲜出炉的砖放在平板车上运出来，在石油燃烧炉的背景音乐中，热气从中升腾而起。下一个程序就是在广阔的户外进行冷却，用塑料绳绑扎起来，再用叉式升降机进行垒放。被现代化了的工厂的气氛，让人感受到这个人类最原始、最古老的生产方式被传承下来，至今被喜爱、被使用的亲切感。

在该工厂的一角，有一个古老陈旧的厂房，近看是一个大的圆形建筑，整个都是用砖垒成的。最上层空开一层，覆盖有镀锌钢板的屋顶。隔几米有一个拱形的孔洞打开着，可以看到里面。在不知道从哪来的烟雾流动的内部，职工们正在敲打堆积如山的烧好的砖块，正是出炉的时刻。走到圆形建筑的对面一侧，有一个孔洞正在被泥土浆封口，从其余的孔洞可以看到隧道窑旁随着“轰”的一声巨响，对面燃起红红的火焰，稍微离开一点的地方当时正在烧砖。

这种称作霍夫曼方式的圆形连续生产方式（可以这么说吧）的窑场，不可能是将沉重的砖搬到手推车运走的时代建造的。成为圆形的一部分的成型的烧砖顺着墙垒成圆形，从圆形某一侧点火烧制，从圆形的一端开始按顺序进行。当最初的一批砖烧成后，下一批进入点火，烧好的砖打碎运出炉外，搬入新的湿砖坯，这样连续的作业可以同时实施，正因为窑是圆形的。

圆形的炉体相互之间有连接，上部有无数的点火口（见图片），下面打开持续蓄热部分的盖，工人们不断地一点点往里添加煤炭，一边慢慢行走，一边投入煤炭，他们脚步的韵律和下面的土砖烧成的速度是一致的，是极悠闲和人性化的制作方式，热风是从上部用大风扇吹下去的，热量有限。因此难免砖的质量会有瑕疵，结果砖会变形，颜色也会由黑变红，不是完全一致的。

这样的砖，相对现代的均质要求是非标准的产品，近似废品的产品，因此很便宜；用在肉眼看不到的土木工程中，或者墙的垫层。最近开始出现根据变异的程度，作为非成品的，即所谓手工制作受到青睐的现象。想想看这也是自然的，本来烧砖作为在人类开始建造建筑的初始阶段就为人喜爱的产品，对人类来说就像木材一样令人怀念；即使在工厂制造，让它变成精致的现代产品是怪异的，但它是烧制品，是烧制品就会有斑点、有扭曲是自然的，这种观点根深蒂固。

因此该工厂的古旧制品是砖的原点最近变得时髦起来，出现了应聘者很多的现象。因为手工操作这种生产方式不会增加生产量，因此出现了产品供不应求的现象，价格也开始一路上涨。但手工制品最终得到人们的认可是令人愉悦的事情。

水产生的凉爽感

那年是酷暑的年景，已近9月中旬了仍然继续过着开空调、关空调的生活，热得让人心烦气躁。

但是在亚热带尚属气候凉爽的日本，这种奢侈的抱怨，对于居住在白天温度动辄就达到45摄氏度国度的人们来说是抱歉的说法。至于像亚利桑那沙漠地带那样制冷空调不停地运转，在英国情调的昏暗的室内系着领带的绅士们喝着马丁尼酒等文明国家另当别论。与地球上最炎热干燥的伊朗高原、寸草不生（不允许草木生长）的撒哈拉沙漠、白天所有生物只能在仅有的日荫下奄奄一息地睡觉的盛夏的印度等地相比，现代日本夏天开着空调还喋喋不休地喊热，实在是一种奢侈。

在如此酷热的国家生活的人们，正像过去日本人顺其自然所做的那样，有效利用自然的原理，发明了各种各样的避暑方法。日本的建筑正是这样，做成有利通风的形式。但是相反夏天由于热风变得更加炎热的地域，首先为创造日荫而植树，开小窗，砌厚墙，以阻挡外面的热气进入室内，然后要做的是利用水降温。

与过去那种洒水是同样的道理，水蒸发后带走汽化热冷却空气这种功效是最一般的，将水引入建筑的内外，其手法最初从波斯传至中东各国以及印度。在水弥足珍贵的沙漠中诞生的伊斯兰教圣典《古兰经》中这样描写道：“天国是绿地繁

茂，流淌着水和蜜形成河流”。表明他们渴求这种空间感觉的强烈愿望。

实际上除了国王和教主，一般是不允许随便把水引入建筑的，尽管如此，他们仍非常努力地取水纳凉。

首先通过感受哗啦哗啦的流水声，获取凉意，在河边湖畔修建亭子，让水在室内的墙壁上慢慢落下，用泉水做室内的喷泉。自从发现汽化热可以产生凉爽后，从利用风道做人工湖等大规模的工程，到在水中建宫殿、在中庭建游泳池、在室内建池塘等各种方法都被所有国王尝试过。

堪称集大成的是西班牙格拉纳达的阿尔汉布拉宫。从非洲的撒哈拉沙漠横跨直布罗陀海峡，占领西班牙的国王们，在西欧领土上长时间地建造自己的梦想之城。

通过虹吸从遥远的山间引来的水，变成所有建筑中庭中各种形式的游泳池、喷泉，这个宫殿的庭院逐渐被绿植和果树所覆盖，宫殿内水的最佳使用方法当属狮子中庭和其周围的房屋了。

首先周围房屋中央的喷泉涌出的水，经过蜿蜒曲折的水渠，通过列柱静静地流向中庭，中庭设有水盘，用以集中来自周围房屋的水，中央有4头狮子雕像，可以从口中发出微弱的声音，吐出水来。在冷却大理石的同时流淌着静谧的水流，孱弱的流水声给沙漠民族带来多么珍贵的凉爽和平静啊！在亚热带习惯了空调的我们似乎已经无法体味了。

有悠久历史的街道

我走过佛罗伦萨的街道。佛罗伦萨的街道对于我们建筑师来说，不，即便不是建筑师，对我父亲那样喜爱绘画的人来说，或者对美术有兴趣的普通人来说，这个街道都是“宝岛”。

那次旅行，我初次爬到圣母百花教堂的钟楼上，旁边的布鲁内列斯基设计的穹顶，过去也上去过二三次，因此我以为此次的眺望也许是同样的，想换一下口味。眼下是面向圣母百花大教堂广场的洗礼堂屋顶和观光客的人群，向上望去，可以看到韦奇奥宫有特色的尖塔对面的文艺复兴的代表作皮蒂宫的宫殿。后面的庭院是称为巴黎凡尔赛宫殿原型的意大利庭园。其两侧据说是称为米开朗琪罗的城墙和米开朗琪罗的山丘。

转过头来，是文艺复兴以来，以梅第奇为首的要人们休憩、度假的费左雷山丘。再向周围环视，同样是文艺复兴的巨匠布鲁内列斯基的文艺复兴风格的明快的连拱式的弃婴保育院和广场，在其前为展示米开朗琪罗的大卫画展，未完成的“悲叹的圣母像”等学院美术馆。也有难以辨认的建筑。除此以外，充满文艺复兴气氛的梅第奇宫殿、桥式建筑，在这之上留下建筑古老形态的波堤切利以及其他的名作的美术馆等。托斯卡纳地方特有的红色屋顶连续地构成这条街道，在街中心是以文艺复兴为中心的意大利美术馆和建筑的展

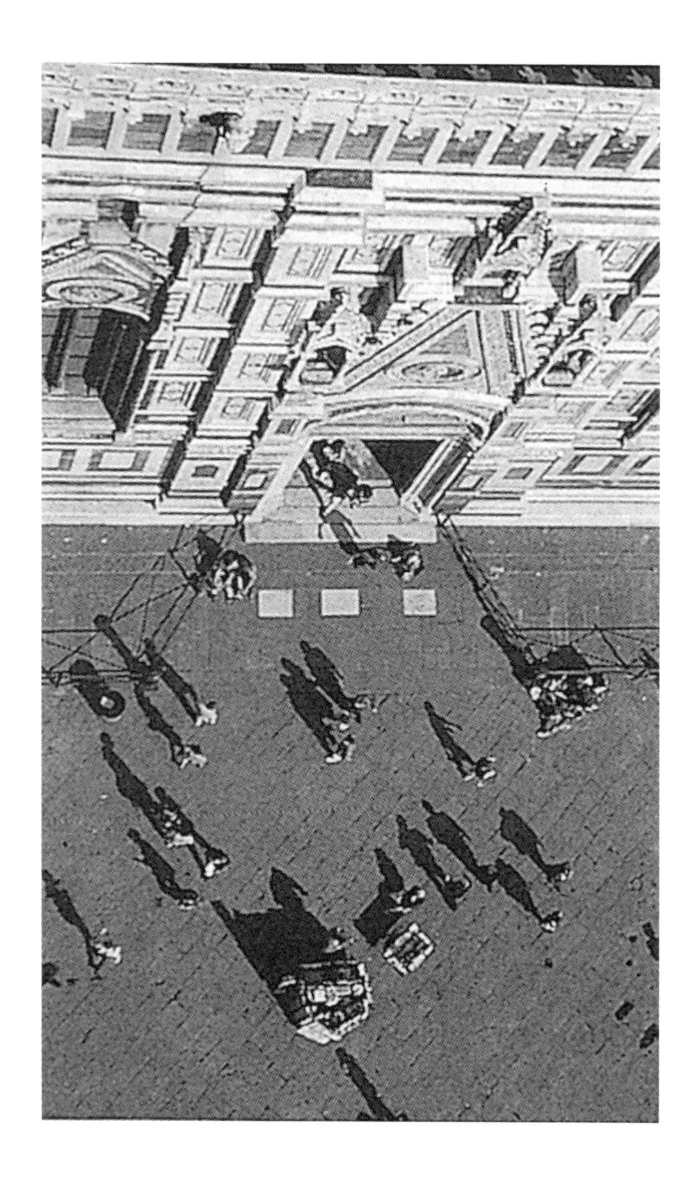

示场。

我为“宝岛”的风景所震撼走下尖塔，这次是完全不同的景象映入眼帘，色彩鲜艳的针织物，当今打入世界市场的贝纳通商店，挎着那个绿色塑料袋行走的女孩非常之多。我受女儿之托去买毛衣，当我向女孩打听贝纳通商店在哪时，回答说那儿也有，这儿也有，这样一说才发现，共和国广场周围光贝纳通商店就有四五家。突然想起古驰的总部不就在佛罗伦萨吗？旋即奔向久违的古驰商店，乘上那个绘有古驰代表色的绿和红的条纹电梯，上下寻觅我本人用的领带。10多年前，就是在这家商店购买的白色手提包和图案漂亮的草花系列领带，还有呢，是否再买一条？我犹豫不决。

话说总部，1926年创立的菲拉格慕的总部，也位于这个Torunaboni大街上。还有其他的旗舰店。继续在Torunaboni街上行走，从华伦天奴到温加罗、思琳、卡地亚、圣罗兰，简直就像巴黎的圣奥诺雷，罗马的康多提，同类的商店鳞次栉比，犹如日本奈良那样的城市，虽然汇集了以集聚观光客为对象的商店。除此之外，还有与其无关的餐厅——萨巴蒂尼的总部等，同样与古老的历史一起成长到今天。在原封不动保留文艺复兴以来的建筑、美术品之间，现代着装最时尚的年轻人，非常自然地往来于此，新旧混合浑然一体的魅力是欧洲特有的，没有像佛罗伦萨那样混合对比如此之大的城市了吧。

走出古驰商店，正面的时装精品店的霓虹灯标识的对面，圣母百花教堂的巨大穹顶耸立在那里。在拥有古老文化的环境中，存活于现代，这是多么美好的事情啊。同时想起了日本，日本也应该珍惜和保护古老的有价值的东西，与今日的街道一起共存。

在南岛看晚霞

人们都说我们日本人是工作狂，就知道工作，不知道玩。

我本人也是典型的日本人——而且有过之而无不及——所以工作、工作、工作，没有厌倦的时候，工作本身已经变成了一种消遣（娱乐）了。

这样的我们，即便是出外旅行，首先大部分是工作、出差。偶尔有工作以外的旅行机会也没有放松、忘记工作。总是想着到哪里转转，看看哪儿对工作有参考就决定去哪，特别是海外旅行。过去就有“在先进国家研修”的情怀，加之作为世界闻名的“信息至上之国”的日本人，有着信息收集癖，介乎于此，经常拿着相机到处去逛。

例如，我已经去过十几次的巴黎了。偶尔买上一条爱马仕的领带，找个二星级的餐馆吃顿晚饭，在新的疯马俱乐部看场时装表演，然后睡觉不是很好吗？想着再去看看郊外的波菲尔小区（不像是公营住宅，比较前卫的住宅群），再去拍摄一下位于普瓦希的柯布西耶设计的萨夫耶别墅，或者去买米其林，巴黎会推出今年最新版的，几乎不在饭店待着，每天为完成功课疲于奔命。

这种状况进行下去是不行的，应像欧洲人度假那样，什么都不干，把头脑清空，为“下一个工作”养精蓄锐去完成旅行才对。我开始这样想，难道是因为年纪大了吗？试着在轻井泽租一栋别墅，什么都不做专门作为旅行之用。白天在露台悠闲地喝着兑水的威士忌酒，阅读着侦探小说，我学会这样消磨时间，花费了十年的时间。

正因为如此，下一站我决定去圣地南岛和巴厘岛度假，这是非常有意思、被人津津乐道的岛屿。在饭店我并没有很放松地休息，雇了导游，参观了巴厘岛独具特色的舞蹈和节日庆典，造访了寺院，始终没有闲着。好容易心情平静下来，到泳池边学会晒鱼干是第三次以后的事了。

尝试了一次，原来是这种感受，那个快感令人难以忘怀。那以后，多次学会享受这种旅行生活，今年3月还去了波纳佩岛，住在营房式的饭店，这次也什么都不做度过了一周。5月黄金周，为了让办公室的职员品尝度假胜地的生活感受，带着全体职工到泰国的普吉岛去旅游。

这个岛除了海什么都没有。因此，我对职工发出业务命令，在泳池旁边躺着。但我的部下们，大概租了汽车或摩托车，一起到岛上去探险了，在岸边躺着的只有我和女儿。没有办法，他们还不适应吧。第3天想看这个岛著名的晚霞，把椅子搬到饭店前的海滩，喝着南国风味的鸡尾酒，定睛注视着徐徐落下的余晖。当然，还是拿着相机记录了一下逐渐落下的夕阳和天空的变化。

长达一个半小时左右，只是看夕阳和海，完成了也许在日本绝不会做的事情。多么想与大家共同分享这个风景啊，这样想着，当我回头看了一眼日薄西山的海边，不由得惊呆了，刚才和我看日落的人群不都是我的员工吗？原来他们已经自然而然地学会了在南岛度假的方式了。

走访印度大陆

印度=炽热，没有绿色等，日本人就会这种短路的想象。忘记是什么时候了，在与印度建筑师相会时突然下雪了，“在印度看不到下雪一定觉得很稀奇吧，”然而那个建筑师非常平静地小声说，喜马拉雅在印度，那是一种轻蔑无知的日本人的声调，还记得当时我也被自己的愚昧感到无地自容。

由于这个记忆，那么到印度去吧，先去中部的西海岸庞贝，然后往下走到陆路安捷达埃罗拉石窟神殿旅行，尽是令人惊奇的事。

庞贝是由于英国人出入印度而繁荣起来的城镇，作为印度之门的凯旋门朝着遥远的英国面海而建，这一风景让我们很吃惊。

可以感到英国和印度牢固结合的纽带终端。

汽车一开始行驶，印度风景立即映入眼帘，人、人、人，自行车、自行车，人力车，在其间慢悠悠过街的牛群，一直等待其通过的汽车，到处都晒着作为燃料的牛粪。道路一侧的小树全部悬吊着铁丝网，或钢筋做成的网，是为了防止嫩叶被那绝不能追赶的神圣的牛、羊吃掉。

不能杀生的信仰，原来以这种形式表示。后来到集市，看到食物上停满了苍蝇时更有切身感受。一起去的年轻的同行们在大声喊着“苍蝇、苍蝇”，但在为了彻底消灭苍蝇而使用DDT的国家，与绝不使用农药其代价是允许苍蝇存在的印度，哪个危害更大呢？似乎没有人去想。

进入内陆，与无知的日本人想象的不同，到处都有河流，水资源非常丰富，还有茂盛的森林、树木、灌木类。1月的印度也许是初夏，那样的季节，专心走在只有一个车道的铺有沥青的干道上。两侧有不少行道树，这点与同样是高温干燥地带，除了绿洲以外寸草不生的伊朗高原有很大的不同。这也是预想不到的事情。早上走在这样有行道树的路上，与迎面而来的装满印度人的公交车擦肩而过时，不知不觉很愉快地向他们招手。

另一个惊奇也是最大的喜悦，在印度并没有我们所说的咖喱饭，反而所有的料理都是咖喱（有香辛料的料理），在蔬菜中心的咖喱料理都是绝品。

那以后，一有时间就想去印度，总是念叨着去印度。

有感于里约的夜晚

有一年的2月去了南美的里约热内卢，是为了看人类最大的愚昧活动，也称作世界最大节日的里约的狂欢节。

狂欢节仪式主会场，出场者达7万人以上，分别有3000人到5000人的16个队列，三天三夜跳到清晨，完全不是我们日本阿波舞所能匹敌的规模。而且有近10辆巨大的山车队列，根据不同的主题，分别有不同的着装，像被牵引了一样，合着桑巴曲的节奏一起手舞足蹈地出场，作为其载体搭建的特设会场的这边有近6万人之多的观众也争先恐后地往车上爬，不亚于跳舞行列的气势，一边喝彩，一边在观众席上跳跃，送去欢声笑语。

从白天开始大约到早上八九点连续不停地跳舞，即便这样16个组都跳完要三天三夜的时间，其规模可想而知。

而且除了这种例行的狂欢节以外，还有两三个大型体育俱乐部那样的会场，私人的狂欢节，以及城镇到处都在搞町会规模的小型狂欢节。据说更私密的是朋友圈的，在这里或那里的有钱人家办得更热闹。但一般是不允许的，然而例行以外的两个狂欢节，只要向里面张望一下就可以领略到其浓烈的气氛。

就狂欢节本身而言，不用说是非常激动的。我认为这个国家不错的地方有很多，最好的地方是，无论黑色、白色、棕

色、黄色，所有人种都没有差别，全都是平等地混合在一起，没有差别感地生活，这种国家恐怕也是世界上绝无仅有的。

不像在非洲、其他美洲诸国、中东、东南亚等国那样，白人军团拿着武器去征服他国，葡萄牙冒险家们与黑人们进行融合，敲开国门的历史，塑造了今日的国家形态。当地人这样告诉我们。

几百年前人和人最初的互相接触，给今日留下强烈的印迹，如果这是真实的，那么人与人接触这件事是多么重要啊，我经常这样深思。那时正处在最激烈的海湾战争中，现在战争结束了，我很高兴，但想到双方如此互相仇恨的结果是否会留到几百年后，那样的话，再好的故事也会黯然失色。

中国的厕所

也许很多人知道，在中国城市，厕所基本上是公共厕所。不仅是中国，印度也好，印加也好，在城市,厕所会集中在某一处，因为之后的冲洗、淘粪都是百姓去做，比起一家家分散的厕所，一个个去处理要方便得多。拿日本来说，在每家设厕所是很晚的事，也是作为肥料收集到一起送到遥远的郊外。让每家的粪便通过下水排出，是文明进化到相当程度才得以实现的。

总之，中国的城镇到处都是公共厕所，与欧洲等不同，观光者应该不会感到不便。在欧美等国的城镇如果闹肚子的话很麻烦，几乎没有公共厕所可期待，每次都要到酒吧、咖啡馆，假装打电话去使用厕所，还要喝上一杯酒，否则不行。但是中国的公共厕所也有很大问题，日本的旅行者（特别是女性）在这里无法解手，形同虚设。

就是说，中国的厕所实际上完全没有私密，说没有吧，可是厕所的建筑本身是外面围合的实体建筑，但进到里面，完全没有隔断。小便所自不必说，大便所也没有遮挡，关键是大便所也就是每隔90公分在地面上挖个坑而已，连续而开敞的，小便所就是地面上有一条沟，男士小便可以在野地里顺便解决。已经习惯了的我们男士以很镇静的表情，进入厕所，进去后就会十分惊讶，肯定会碰上哪个正蹲在那里解手的，虽然我进入公厕的次数不多，都等没人之后。看到人家脱下裤子解手，即便是在旁边解小便我也做不到，经常是先出来，等人家出来后再进去。

男士们还可以勉强应对，对有洁癖的日本女性来说，在没有隔断毫无遮挡的地方大家并排解手，简直难以想象，谁也做不到。结果回到饭店之前一直憋着，患了膀胱炎，迄今遇到这样的例子不少。是啊，进入地面上只开几个洞的黑房间，可以镇静自如解手的日本女性应该没有吧，更何况在厕所说“有我在呢，请放心”就更不行了。

但是这样的公厕，实地去看一下，因为是街内的公共厕所，仔细去看并不是那样脏，哪儿的公厕都很干净，臭味也没有那么严重。感觉日本公园一角的厕所更不干净，也许有值班打扫的制度，有尽可能保持清洁那样的要求。

“如果是这种状况的话，我可不去中国”，肯定有这样的女性，这点请放心，这是完全朝着现代化和以取得外汇为目标进步显著的国家。比如，观光客多的北京、紫禁城天安门周边、郊外的万里长城、明十三陵等的观光休息场所，不是写着“厕所”，而是用toilet来表示，修建了面对外国人用的厕所，都是抽水马桶，也装有小隔断，可以放心，这是让人们安心的话题。

大暖炉

记得孩提时代，每当听到灰姑娘的故事就会有一个疑问。

被姐姐、后妈欺负的灰姑娘“睡在暖炉的炉灰中”的这个地方，的确，暖炉的灰肯定是温暖的，而暖炉这个东西在我们日常生活中是很陌生的，自然会认为火塘的灰坑那么小，即便是孩子也不可能睡得开。在失火前的日本赤仓观光饭店，在炉内放进一根大的白桦树树枝，可以黏黏糊糊地燃烧一天，其灰坑充其量宽2米左右，在这样的灰坑中睡觉的话，如果是红薯的话，应该是美味的烤红薯了。

解开这多年的疑团是20年前，初次去西班牙的托莱多时。

托莱多是西班牙的古镇，一段时期被伊斯兰统治，16世纪成为国土光复运动的中心地，以基督教和伊斯兰文化混合的独特气氛而著名。我们建筑师只在那圆石铺装的古老石板路上来回走走就很高兴。对绘画有兴趣的人来说，这里是西班牙引为自豪的巨匠埃尔·格列柯出生的地方。这个小镇拥有圣托梅教堂的“奥尔格大叔的墓穴”，以及藏有22点作品的圣克鲁斯美术馆，也是埃尔格列柯的娘家。

当时是和喜欢绘画的父亲进行的初次访问，当然是围绕着格列柯参观。当时我也被格列柯作品的杰出所感动，最后去的是格列柯的家。

这是一个木结构的老房子，带一个小庭院，规模不大，二

层楼，独具特色。从庭院一步就可以迈进起居室和他的房间，记得当时我一进去就惊呆了。

12帖（榻榻米的单位）大小的地面用地砖铺装，有很强烈的西班牙风格。房间整个一面墙都是壁炉，宽度有2间左右吧，巨大的遮光罩低垂下来，底部是平的像搁板那样，那底下的墙面一侧是火塘，两侧的固定长凳把它夹在中间。长凳的一部分位于罩下面，坐在下面一定会忍受不了烟熏，但是在冬天的寒冷季节还是很暖和的。

与火塘相连的高出一阶的部分也铺有地砖，这就是昔日的灰坑。从暖炉散出的热会十分温暖，原来看到的西班牙更小的暖炉的手法就发源于此。可使用它煮炖熏制食品，利用其余热，灰姑娘可以舒服地睡觉，周围弥漫着温暖的气氛。多年的疑问解开了，记得我非常高兴地走出了格列柯故居。

被海豹占领的船坞

旧金山是丘、雾和港的城。即使是夏天，从深山下来的雾穿流在粉红色、黄色的一排排房屋之间。乘坐缆车往来于这些房屋密集的丘陵陡峭的坡道上，深蓝色的海港倒映着数不清的帆船，巡航快艇的白色的船体，非常优美。能写入美国人青睐的街道中是当之无愧的，谁都向往这样的城镇风貌。

在旧金山，如果你是观光客的话，必须要去的是港口一带，渔人码头，几个大小不同的栈桥。过去是重要的港湾地区，集中了那里船员们的战利品、海产品商店等，逐渐成为主流。以后完全成为观光地，无数的餐厅、土特产店、蜡像馆等以及捕获的海产品云集的地域，当然有许多荣枯盛衰的历史。15年前，这一带作为流行的海滨开发的先驱，盖了高层住宅，在港口附近，利用原有古老的砖建造了罐头工厂、巧克力工厂，形成新的商业中心。比较高档的、商品齐全的业态相当成功，我们也多次考察了海滨的成功案例。

数年前的这个渔人码头，最近成立了名为“栈桥39”、面向年轻人的新的商业中心，也很成功。

可以看到之前商业中心的影响，显示了其繁荣，这也使古老的栈桥再生，使用过去栈桥独有的木材建造了店铺，这些店都不大，设置面向年轻人专售探险活动商品的商店（例如风筝专卖店、原苏联商品专卖店等），集中不那么高档的快

餐店是成功的原因之一。另一个是突出于海面的旧栈桥。商店一二层回廊的外围就是海，在那里有飞溅的水沫、吹拂的海风、飞翔的海鸥、帆船用的船坞，就从那里上船，这种与海的亲水性非常爽。

但是，这个帆船用的船坞发生了异变，美国的西海岸经常有海豹与温暖的墨西哥海流一起游来，然后爬到甲板上开始休息。

自然保护意识强的美国，官民协力投入对海豹的保护，禁止使用它们占领的船坞。以后它们若无其事地在这个船坞上睡觉，附近的商店贩卖它们的食物沙丁鱼等，投食给他们吃进行观享的客人增多了。现在海豹与人类共存共荣，和睦相处。要是日本会怎样呢？我陷入沉思，时间在流逝着。

美丽的建筑，美丽的人

尼泊尔这个国家，夹在印度和中国的中间。这是一个将不同国家的文化、宗教和文化混杂在一起的复杂国家，特别是喜马拉雅山麓最大的加德满都盆地，自古就是交通的要地，因此古都有一些东西至今还在延续。那里盛行着佛教、印度教、喇嘛教以及其他土著的信仰，有无数祭祀这些神的寺庙、寺院、祠堂，各种人群穿行其间。

土著民的内瓦尔人，山地的塔芒人、马嘉尔人，从西藏来的喜马拉雅山地人，从印度来的雅利安血统人群中混有头上顶着行李的夏尔巴人，从欧洲、美国来的嬉皮士年轻人等。

不仅是信仰，民族的混合、生活本身也是一样，中世纪的与现代的东西就那样混在一起，也很有意思。完全是中世纪原状的朴素的集市，商人们竖着耳朵听的是SONY的半导体，贩卖麻药的商人们想要的是Dollar。

在这样的混合中，建筑几乎是千篇一律的，只是开口部周围是木结构的砖石造，基本上是三层到五层。在街道中，一层为商店，在郊外或农户一层也用来圈养马、牛。有趣的是三层是厨房，特意把厨房放在这么不方便的地方，我们都感到不可思议。一方面有等级观念，那里是人出入少的地方，另一方面这里是热的地域，为了防止混入不干净的东西，大概出于这些考虑。在街上散步，不经意地抬头，从三层小

窗漏出的女人孤独地向下张望的脸庞，正好和我们的眼神相对。砖墙上开一小窗，一般都是雕有花纹的窗，女人们从那里向下看，尽管四目相对，她们并没有躲闪，那没有表现好奇心的自然的面孔，真的很美。不仅是加德满都那样的市区，到乡下一看，风景更是牧歌田园般的，绿色的良田披着彩霞，对面是一排排砖造的房屋，美不胜收，桃花源不就是在这里吗？在这种风景中，有令人心动的姑娘在打麦穗。

在这样的乡间小镇，面对中央广场的是古老的集会场，孩子们在玩耍，砖木结构的建筑与尼泊尔其他建筑一样装饰有美丽的雕刻。古老的雕刻作品和神像毫不夸张地摆在那里。孩子们无忧无虑地在建筑内外游戏着，天真的瞳子也是娇美的。

人和建筑如此之美的国家，我知道的并不多，还要再去。

古色古香的新街道

说到科特迪瓦蓝色海岸圣特罗佩，那里是年轻时魅力四射的阿兰德龙贩卖“艳阳高照”名画的舞台。地中海的太阳照射在成为街景的砖墙上熠熠生辉的南意大利的疗养胜地，为了在这里享受，我几次来到这个街道。

听说在街道附近，新近落成了新的疗养胜地，好评如潮。在头天的黄昏出发了，从尼斯坐汽车沿着地中海奔驰，开始逐渐看到了远方的圣特罗佩，应该很快就到了，然而看不到相应的建筑群。到了圣特罗佩附近再折返回来，让车慢慢行驶，仔细搜寻，好容易才发现。

一般很难找到的这个街道，并没有像其他新的疗养胜地那样盖一些廉价的高层宾馆，全部是四五层左右的与地中海沿岸的古村落、街道的气氛相协调的建筑。屋顶是砖的，烟囱是陶的，用白漆涂的百叶窗等，不仅与那一带的民居如出一辙，而且都是古色古香的，设计者只有1人，将近2000家，每栋的外观各具特色，窗的大小、阳台的做法、柱廊的柱子、外墙的颜色都不一样。

经过调查得知，这个街道实际上有一个有趣的建造方法。

设计者是法国阿尔萨斯地方的建筑师。开发面海的湿地，建造这个疗养胜地时，想建成他十分喜爱的威尼斯那样的街道，把它作为街道规划的基本理念。也就是说，街道的亭子、住家、桥及其他都按照威尼斯的风格去设计。

为此，他首先在拓宽湿地时留下了像手掌上一个手指那样形状的运河，然后进行填埋，让每家都面向运河，从家出门直接乘小船或小艇就可以出海，住宅的内侧是道路，行李和人从这里进来，但基本和威尼斯一样不让机动车出入，街道是步行者的天国。

街道整体看上去不新是由于建造住宅的材料，都是从欧洲的废材料厂或拆卸现场收集来的，最显眼的如阳台的扶手、烟囱、柱子、照明器具、路灯、楼板上部的横梁等，都尽量使用旧材料，与之协调地建造住宅。各家看上去各不相同，也许就是来自这些地方的特别用心。

特别是并无现代语言表达的疗养胜地，其减法的手法得到很高的评价，据说在度假旺季，游人如织。

人们并非喜欢崭新的东西，这是给予我们启示的最好的例子，在归途中我这么思考着，如果让日本去做会如何呢？肯定是像周围的主题公园那样，变成商业主义泛滥类似游乐场那样的街道。

4 居住在美好的环境中

居住在美好的环境中
看与被看的窗
我的绿化，大家的绿化
营造住宅的穿堂风
屋顶并非只为防雨
车库不仅是为了停车
悦耳的声音，刺耳的声音
周边的环境有什么最重要
注重外观

居住在美好的环境中

有这样的问卷：让你选择建房基地的话，依照什么样的标准呢？

对于讨厌通勤的我来说，我认为“不太远的地方”为首选，第二个是价位吧。但是结果出乎意料，位于第一位的是“环境”，第二位是“价位”，第三位才轮到“通勤距离”。

价位为第二位是理所当然的，而通勤落到第三位有些不可思议，说是反正在大城市圈附近居住是不可能的，干脆父亲就再辛苦一点吧。

为什么父亲要辛苦呢？假如哺育孩子成长的住所“环境”好，即便远点也值得付出。

据动物学家说，动物筑巢，主要为抚养孩子。换句话说，单身的动物是不需要巢的。鸟类突然收集树枝要做巢，是在要生育雏鸟的时候；海狸努力推倒树木建造水库，在里面筑巢，是为保护生育的孩子们不受外敌的侵害而创造环境。

人也是动物，正像“孟母三迁”的故事给我们的启示那样，为了孩子的教育而建房是第一选择，在统计数据上也得到验证。60%的人建房的动机都列举了“为了孩子成长、教育”的理由。

然而人这个动物并不是那么单纯，虚荣、财产的保护等等，非常现实，还要生出许多其他欲望，使得事情变得复杂化，这是不可取的。但是不光是孩子的教育问题，即将到来的老龄化社会，只剩下老夫妇的生活如何度过，人们都想居住在包括方便在内的满足各种要素的“好环境”中。

所谓家，只要不是在荒郊野外的独栋，都会有左邻右舍，绿色的庭院，邻近的公园、商店各种设施，包含从眺望景观到安静、空气新鲜等综合的环境指标，才会有家庭居住的舒适性。

关注的重点不要只放在住宅的户型、设备、面积等住宅本身的硬件条件上，还要重点考虑周围的环境，如何创造、维护、培育好的环境，考虑建在其中的一栋住宅？只要打开一扇窗，眼前的一切画面都是美丽的才是最重要的。

看与被看的窗

在日本，窗的语源为“间户”。因为是柱与柱之间“一丝不挂”什么都没有的建筑形式，在那里开个口自然就变成了窗，不像西欧国家那样，要在用石头垒砌的厚墙上费力打洞开窗。

因此，作为设计人员与住宅业主商谈时，就会遇到这样的请求，要求能开洞的地方，全部打开做成窗户。

日本人认为在柱与柱之间，尽可能没有墙体为好，这可以理解。然而郊外住宅区成群建了很多尽是窗户的住宅，仔细观察发现，半数以上住户的套窗整天都是关着的。

原因之一是，当住户打开被特意设计的窗一看，眼前不是邻居家的厕所就是厨房的窗户等，都是不想看到的景物，立即惶恐地关上了。

这些问题，如果在设计之初对周边环境稍加调查，就可以避免。

另一个原因是，把家具搬进来一看，可以靠墙放置家具的墙面很少，结果有窗户的地方必须放衣柜、电视，没有办法，只好将套窗封闭起来代替墙面，造成类似的情况，就是忘记了家里连续完整的墙面是非常必要的。

另外，窗户还是侵入内部的孔穴，不喜欢的气味，不想听的噪声等会传进来，开窗位置也是来自外界窥视、侵犯私密的渠道。

因此，并非是无论在哪里，什么情况开窗都好。

开窗时，首先对周围的邻居进行详细的调查，不要与空调的室外机相碰，考虑可以清晰看到山脉的方向，风吹来的方向等，慎重地开窗。开动脑筋，将环境有效地引入室内是关键。

同时，窗的另一个功能是面向街道，传达快乐家庭气氛、美味咖啡的飘香、鲜花绽放的芳香以及快乐的钢琴声……让经过这里的行人感受到美好，并有个好心情。

欧洲的住户都乐于在窗前装点花卉，因为他们认为家里的窗户也是街道的展示橱窗，要装饰街道。目前流行的飘窗可以说正是为此而存在的。

从街道上可以看到的位置，安装一个套有白窗框的可爱窗户，装饰鲜花和季节的饰品——建成一排排这样的住宅，这难道不是你真正想居住的街道和环境吗？

如果你想建造这样的住宅，拥有这样的生活方式，你就会营造这样的街道环境。

我的绿化，大家的绿化

每年到了5月，我就会把家中的观赏植物搬到户外去。

已经是植物复苏的季节，让它与外面清新的空气、湛蓝的天空、光芒四射的太阳以及同伴的绿植会面，想必一定很快活。

实际上这个季节，日本也是世界上值得自豪的绿地丰富的国家，中东近东的沙漠是特例，每每从欧洲的大都会、纽约等地回国，都会发出赞叹：啊！日本真是绿色资源丰富的国度。

当然有人会说日本公园面积只是伦敦的1/25，人均绿地绝对数量少等，我不否认与欧美各国相比绿地总量少的说法。

但是日本看上去与欧美的街道和绿地的形态实在不同。而且作为公共场所的公园、街道行道树的绿化的确不够，那么为什么给人感觉绿色多呢？我发现是因为每家庭院的绿植，属于个人私有的绿地较多。

事实上，我们街道的绿化多半是由每个家庭的绿化支撑着，使街道充满绿色。所以如果想营造美丽快乐的环境，首先要从自家庭院的种植做起（当然公园也要同时进行大量的绿化）。

有调查报告称，没有绿树生长的地域会迅速贫民窟化，不动产公司的土地价格计算标准中有树木量一项。作为住户的我们大家知道，首先要美化自己的庭院，这样你的街道才会逐渐被绿植所覆盖，发育成宜人的居住环境。

你家庭院种植的绿树花果，在自家享受的同时，也能看到对面街上行人投来的赞赏的目光。反之，当你走在街上看到郁郁葱葱的绿树，也是他人为你种植的。

有绿化协议及绿树保全协议等，也是由于了解到绿化是发自每个人的爱心，从而影响到整体的道理。

那么，要想成为绿色丰富的优良住宅区，首先要从在窗台上摆放一盆植物，在庭院种植一棵小树做起吧。然后你的绿化成为大家的绿化，最终还是回归到你的身边。

营造住宅的穿堂风

在日本夏季，不仅酷热而且很潮湿。很多人认为世界哪里都一样，很麻烦。

例如，在英国等地，潮湿严重的是冬季，因此电影《哀愁》中的泰晤士桥总是笼罩着白雾，即使是夏季，人们仍然是西服革履，系着领带，十分清爽（插曲）。面对这样闷热的气候，日本人为了舒适地度过夏天，居室比较讲究通风，自古以来被日本人所熟知的“住居以夏季友好为宗旨”的名言就源于此。

风速1米体温就会下降1摄氏度，这个道理走过山路的人都知道，住宅也是一样。窗户开得大，通风就好，这样的住宅除去夏天最热的1~2周外，足可以凉爽地度过夏天。

但并不是把窗户打开就好，要预设风的出口和入口，其方向也很重要，在关西（日本的西部）的话偏西为好是设计的关键。如果实在不能开窗时，通过屋顶、地板下贯通的方法，稍微努力一下就可以简单地完成有穿堂风的住房设计。

过去的住宅是在充分考虑了这些后才开始建造的，将这些先人的智慧很好地继承下来去做设计，并非难事。作为住宅设计专家的我这样说是没有错的。

我的事务所经常这样去考虑设计（并非是宣传我的事务所），这已经是成熟建筑师的常规做法。

最近，有的建筑师因为省略了这个设计步骤，建成的住宅通风不好，后来安上空调去瞒天过海等，显然是投机取巧，令人叹息。

但是话又说回来，近来住宅区的环境变得恶劣，好容易引进来的空气是被污染了的，怪异的气味很多，令人头疼。由于房子与房子之间挨得太近，有的虽然不是什么怪味道，邻居烹炸的味道进来也会不爽吧。

据此，在附近有无排除这种恶臭和不好空气的设施，与对过邻居是否挨得太近，建筑是否相互之间不添麻烦等是要考虑的关键问题。

因此，在如此酷热的日本，要想建造引进自然风且舒适健康的住宅，作为住宅区的环境，首先要选择能获得新鲜空气的场所，然后在住宅设计上充分下功夫去追求有利于通风的住宅。

的确，通风问题不仅是住宅这个产品本身所要考虑的，还要与周边环境一体化去考虑，这点是千真万确的。

屋顶并非只为防雨

屋顶究竟为何而存在？这样一个问题提出后，肯定会有这样的回答：这还用说，为了防雨呀。

的确，这个答案没有错，正像“遮挡风雨”一词所描述的那样，住宅的第一个目的是保护家庭生活不受风雨等自然的侵害。

因此，在建筑的世界，如果建了漏雨的屋顶，就满足不了住宅的基本要求——就会遭到围攻，拒绝支付工程费，要求无条件维修等，总之是绝对不允许发生的事（虽然如此，防止漏雨实际上几乎是不可能的，十分困难）。

在世界各地，住宅屋顶的坡度是取决于当地降雨量的，其屋顶构成的风景形成不同的地方特色。但是屋顶的作用并不是只是实用，实际上还有其他作用。

比如到世界著名的街道、古镇去旅游，就会发现，屋顶的装饰、颜色、瓦以及屋顶铺装材料都是统一的，因此可以大量供给，并非昂贵的东西。过去都是用家乡附近可以得到的草、木铺就的，也有使用当地的生土烧成的瓦。由于瓦是同样的土质烧成的，成为同样颜色自不必说，但并不止这些。

住宅装有同样颜色的屋顶这一事实，象征着成为同样社区的居民，会产生这样的意识。比如，日本海一侧挂有黑釉的瓦屋顶的风景，让久别家乡回来的人们自动产生“故乡”情节的效应等。

最近的城镇，各住宅一栋栋敷有不同的瓦，赤、橙、黄、绿，就像倒过来的玩具箱一样。在这个意义上，居住的人们也像一盘散沙，社区的归属意识似乎淡薄了。事实上，这种典型的郊外住宅区，邻里之间几乎没有相互往来的情况确实很多。

自家的屋顶，所以与邻居毫无关系，可以随心所欲地装饰……这种思维本身也许正是让人际关系不正常的根源……透过这件事可以说明什么？

那么你家屋顶的瓦，想过用什么颜色吗？

车库不仅是为了停车

在汽车被称为“私家用车”的时代，有车的家庭基本上都配有司机，把主人送到玄关前，把车停在住宅一侧的车库里。因此停车场在住宅的后面，与储藏库等一起设置。

最近汽车的普及率近100%，郊外、农村一带交通不便的地方，一家两辆车已不稀奇，驾驶汽车的可以是家里的主人，也可以是主妇。发展到这样的状态，车库已经不能放在内院了。

因为基地也变得狭小，已经没有放置车库的空间，位置基本上还是在玄关前，从公司回来的主人也好，购物回来的主妇也好，客人也好，都要经过这里，在侧面布置停车场成为普遍现象，已经完全成为构成外观的重要空间。

然而，我发现一旦车子开出去后，那里就成为孩子们的游戏场所，即与道路联系的孩子们的重要场所。

这样看来，车库不单纯用于存车，如装上像样的门，有如漂亮的玄关入口。此外，里弄（胡同）的思路也是必要的吧？

这样从街景的角度观察，现状是，约隔15米就会有哪家从道边凸出来1个小广场——用脏兮兮、油乎乎的灰色面砖装饰的车库，周围是垃圾散乱令人生厌的景象。这样的住宅区从环境上绝不会给人带来好感（现实上这样的住宅区是大多数）。

理解这样的车库变化历程，不去拘泥车库的风格，可以考虑兼做道路的入口，整齐地进行铺装，周围用草坪围起来，进行植树等，成为可以应对生活的空间。

把门和周围必要的附属品——门扉、围墙、路灯、信报箱、内线电话、门牌等进行一体化设计。车库屋顶的设计尽可能与周边的人商量，好好协调一下，不要搞得杂乱无章，也不要搞得那么张扬，凹进去做，我觉得这个时代已经到来了。

你家的停车场美观吗？孩子的自行车没有倒下吧？是否能构成街道上的惬意风景？

悦耳的声音，刺耳的声音

人们居住在城镇，生活在城镇，人的生活中必然会产生声音，就是说，在街巷中充满了各种声音。

在住宅中，声音也有很多。生活中的声音大体分为两类：自己发出的和从外面传入的。从厨房令人怀旧的切萝卜声到钢琴声、电视声、父亲的怒吼声、家具的挪动声等，是从内部发出的声，有自己发出的声，也有像室外空调机声那样从外面传进来的声。

别人喊叫的声，几乎都是从外面传进来的，此外还有车子的发动声、卖烤红薯的吆喝声、换手纸的喇叭声、邻居家洗澡的热水声、摩托车声、直升飞机声等。

家中的声也好，外面的声也好，有听起来让人心旷神怡的声音，也有不想听的讨厌的声音。

要想减少家中讨厌的声音，只留下悦耳的声音，首先是不让难听的声音产生，整治或减少发出那种声音的声源，为防止声音的反射，使用吸声材料比较好。

为了让自己的喊声不成为别人的噪声，仍然是首先不要制造噪声，如果是公寓，为了不让夜晚产生咚咚蹦跳声，不要把音响调到很大，要在地板墙体内使用隔声或吸声材料。

如果想屏蔽掉由户外传来的讨厌的声音，要对门窗进行隔声处理，填埋门窗的缝隙，把墙做厚，使用隔声材料等手段比较有效。

但是如果完全听不到外界的声音，即使在路上行走，也听不到一点声响的街道，那一定是一个无聊的街道。待在家中听不到孩子们的游戏声，听不到父亲下班回家的脚步声和宠物的叫声，一点也不快乐。在街上行走，听到越过篱笆的钢琴协奏曲、母亲和幼童的欢笑声，一定是很愉快的。也就是说，我们想听到愉快的声音，不想听到讨厌的声音。

这在家里、外面——街道都是一样的。

为了让街道拥有良好的环境，应确认哪些声音是好的，哪些声音是不好的（像空调室外机那样自己舒适了，给别人带来了不愉快的声音，弹得很烂的钢琴声也是一样），只有想办法不让这些声音传到街道，别无他法。

自己讨厌的声音不让其发出，久而久之，附近就听不到讨厌的声音了，之后街道渐渐只传播快乐的声音了。

你一定想居住在这样的街道吧，试着去做，先从自己做起。

好的声音为so，坏的声音为siya，把它作为暗语。

周边的环境有什么最重要

一旦决定盖房子了，麻烦事就来了。

厨房是否要整体厨房？客厅是否铺地毯？儿童房是否不安锁？玄关的门是否要木质的、带有门扣的？暖气放在哪个房间？哪种系统最省燃料？各种难题层出不穷，难以抉择。

每天晚上在坐标纸上试着画户型图，征求家人的意见，饭后召开家庭会议，去厂家展示场观摩，往返于住宅的样板间。由于信息过剩，越加不知所措。这是一般建房所付出的辛苦。

实际上这里还缺少了一项，即思维方式的问题，建房并不是单纯建一栋房子。

住宅首先是与左邻右舍人际关系的构建，例如，附近是否有孩子们可以放心游玩的、没有机动车通行的道路，是否有母亲和孩子可以游玩的小公园，是否有可以买点小东西的商店。到图书馆的路程是否遥远，去大的医院打车需要多长时间，客厅窗户是否可以眺望到远处的山脉等等。住宅所建的地域作为居住环境如何？这些判断标准是很重要的。

住宅不是一栋孤零零的建筑。只有与周围的环境一起考虑，在那里的生活才能成立。

这些因素在考虑住宅户型平面时，往往会被忽略。

以这种眼光去实地走走观察一下被公认为好的居住地，这样的街道确实建了不少。

中年妇女经营的非常美味的咖啡屋毫无造作地位于街角，往返于附近学校的孩子们送来含笑的问候，柿子树越过篱笆开花结果，不由得就想微笑。

那么，首先是要寻找条件完备的社区。于是得知接近这些条件的社区有若干了。但是，完美无缺的社区是不存在的，总是感到哪有缺陷吧，那么如何是好呢？其不足之处，恐怕只有自己住下后去填补了。

与邻居一起生活到永远，因为你的邻居也是这样希望的。

注重外观

有些人非常在意住宅的外观。

住宅看上去要显得大气比较好，屋檐尽可能高、玄关的开间尽可能宽、屋顶的颜色鲜艳夺目等，持有这种固定思维模式的人很多。

住宅杂志也迎合这一人群的喜好，封面以外观特集的形式进行呼应。但是坚定按照固定模式建造的各家各户，这也想要，那也想要。行走在密集排列的郊外住宅区，其风景像是百鬼夜行，即使讨厌也不得不接受。这种丑陋就是一栋栋住宅过于张扬带来的，只听到我、我的嘈杂声，这是太在乎别人视线的住宅。另外，相反也有全然不顾及别人感受的住宅。

肮脏的洗涤物、储藏库、垃圾、室外空调机等，毫不检点地散乱堆在住房的周围，漆皮斑驳，裸露着生锈的管子等。还可以看到二层的露台上，朝向道路拍打着套着本白色被面棉被的住家等。

实际这两者都是同样感性的结果，即反映了这两个住家都只是从自己的立场出发考虑住房的事实。两者都认为，这是我自己的家，我想怎么建造、怎么居住都是自由的，都是这样思考问题的人们。

你有这种倾向吗？

实际上，这种感性似乎是日本人特有的，也是造成日本街道丑陋的主要原因。

日本人什么时候变成这样的，不得而知。但是，特别在欧洲，是把住宅作为街区构成之一去考虑如何最好……这是思考的起点，对此缺乏整体视野的日本街道，几乎可以说完全没有这个美感的。

考虑外观时，首先想想别人要看这个住宅，请考虑一下对别人来说，你的住宅要构成街道风景的。

试想一下，由那些被人赞誉“那条街的住房真漂亮”的住房构成的街道该有多美啊！

请考虑不是营造一栋住宅的风景，而是通过住宅的连续构成的风景，就是说，你建造住房就是在营造风景。

想到这些，你就不会只凭借自己的爱好建造住宅了吧？

那么，努力考虑外观形象吧，让其与周围的住房协调，不破坏街道的氛围。住宅建成后能让大家一边微笑地观赏，一边从这里经过。

考虑外观是多么令人快乐！

5

注重街景设计

有生气的道路
建筑构成快乐的社区
居住在倾斜的坡地上
拥有公共的绿地
拥有集聚的场所
整合建筑
人车共生共存
历史街道
没有电线杆的街道
住宅应复合多种设施

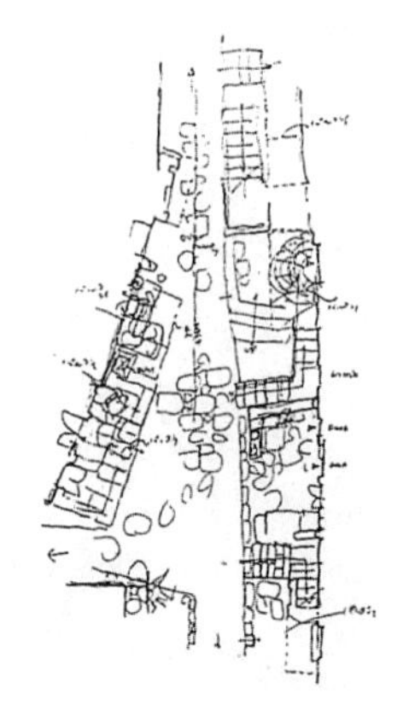

有生气的道路

浮泛在爱琴海上的白色岛屿——米克诺斯岛，自古以来就以其白色的住宅而闻名。在池田满寿男的小说和电影中完全通俗化了。

的确，接近岛屿制高点的巨大风车围绕着的住宅，像不断用扫帚把融化了的石灰涂装上去那样，那耀眼的白色墙壁在朝阳的映照下熠熠生辉。从远处望去，其街道怎一个美字可以概括。

在岛上漫步，在干果店购买各种腌制橄榄，边走边吃；在酒吧前的露台上小坐，喝着希腊的烧酒；偶尔在贩卖最新流行的度假休闲装的女装店询询价等，享受散步的过程。其快乐的源头，一方面是白色的房屋，另一方面也在于欣赏其道路的规划方式，这些都是被观光者所察觉到的。

米克诺斯的道路很窄，弯弯曲曲。偶尔下雨时也是雨水的排水渠，同时还是毛驴运输物资的通道，面对唯一的这条道

路，有着保证住房能引入阳光的窗户。前面的露台是与行人交谈、孩子们来回奔跑以及亲朋好友偶尔聚餐的场所。

因此，在道路上集聚有各种东西，露台、色彩鲜艳的阳台、窗、帐篷、楼梯、广场等。

在这个岛上，道路完全与室内及其他场所一样，是同等的生活空间。

而且这种愉悦的道路，绝不像中东近东诸国的部分社区那样禁止通行，一定是曲折迂回地把我们引向某个有意思的街道。因此，我们饱览了连续不断展开的变化和丰富的情景，3个小时也好，4个小时也好，在街道上逗留，流连忘返。

社区告诉我们街道原来是这样有意思。

然而我们居住的日本街道是多么煞风景，一点也不快乐，我时常想起这些社区。

我们只考虑让车跑得快，不断扩宽道路，机械的、笔直的、没有人情味的、沥青铺装的道路。我经常说，这不是居住区的道路，我们的道路应是生活的场所，必须有活力，在设计道路时这样去思考，才会有对这个岛、这个街道的回忆。

建筑构成快乐的社区

没有时速限制的高速公路，以时速近150或200公里的速度奔驰，是在德国旅行的乐趣之一。但是要真正地体验德国的特色，还必须走出高速公路，翻山、渡河，走进人口只有2万人左右的小镇去看看。

比如，从北部的不莱梅经由摩尔恩至哈瑙600公里的街道，是格林兄弟为那个《格林童话集》采集民间传说的街道，现在称作莫尼黑街道。

沿着莫尼黑大街的各条街道，比如把街道的孩子们全部带走的那个抓鼠的男孩子的童话中，有名的哈梅陇那条街道，无名的小农村也好，哪里也好，哪怕是迈进一步，我们就感觉迈进了时间机器的世界。

那里才是真正的中世纪的童话王国。

结实的山形瓦屋顶，露出柱子和梁及斜撑，柱间用砖石、白灰填埋的墙体，石头铺就的道路，黄铜、铸铁的招牌类，满窗的鲜花，刻在房子上的1773年的文字等。

1层的商店中，以观光客为对象的商店屈指可数，正在经营的普通电器商店、百货商店、文具店、木材店等商铺，都是原始的中世纪建筑，超市也一样。

大部分道路为步行者的天国，都是经过深思熟虑后规划的车行道路、停车场、出租车始发站，倾注了对购买者的关怀，到处布置有并不张扬的儿童公园、年长者用的长椅。道路下面重新埋入了上下水管道、煤气、电线等现代设备。在古建筑群中，人们可以尽享现代生活。

在日本，就连特别保护区都很难做到这种程度，连续延伸的街道什么时候都是很美的，其本质上是由于德国人民对中世纪执着的爱恋。因此，街道是经典建筑的集大成，其建筑是街道的财产，于是，大家齐心协力去坚守，这个意识很强烈。

我们在设计街道时，将那些林立的建筑美丽地协调起来，为构成快乐的社区，整合条件以建筑协议等形式进行，可以长久地维护它，因为这些德国街道都记在人们的脑海里。

berlips

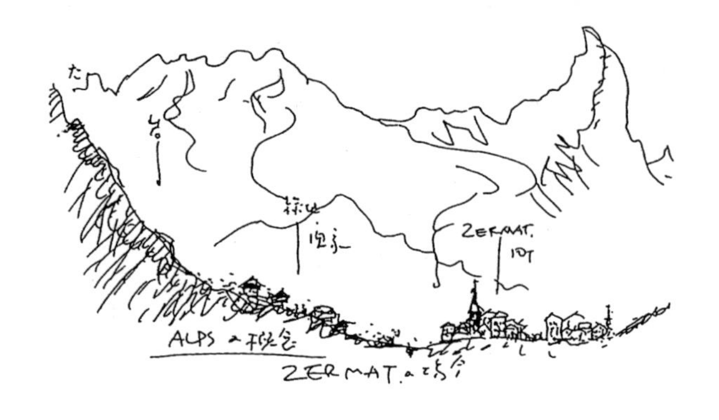

居住在倾斜的坡地上

最近，道路已经铺装到海拔很高的地方，可以说开车可以到达的山路增加了。在日本可以攀登高山的地方，首先要经过很长的坡地，山麓的入口不断出现，好容易才靠近岩石多而裸露的地方，这是一般经验。

回想起在旭丘高中时代的体验。在名古屋乘坐中央线到达车站，开始步行四五个小时到达山脚下，然后用一天的时间爬上顶峰，才开始在八合目（登山用语：山高除以10，为10个合目，表示海拔高度——译者注）的岩场换上登山鞋（防滑铁打）。可以说，像瑞士阿尔卑斯山那样令人向往的游山是没有的。

例如，从策马特（马特洪峰山麓下的山上城市）街的饭店一早出发，沿着和缓的山坡，经由几栋农舍的山墙后，突然峰回路转地出现了可以与蒙特罗沙（Monte Rosa）峰、切尔维诺山相媲美的（严格意义上也许可以说是与其相连的山脉吧）陡坡，于是迅速开始爬山了。

建造在如此陡峭的坡地上的农舍，是瑞士独特的建造方法，称作“夏雷”（瑞士阿尔卑斯山区常见的屋顶突出的民居），1层为石结构，2层以上是木结构，像图画一样美丽的建筑。

我们爬上了那个坡地，待喘过气来才发现，坡地上没有日本常识上理应有的切断坡面的痕迹，各个农舍完全不改变坡面，在基础部分与土地保持友好关系的基础上建房。

实际上，保持原有的坡地形态建造房屋的方式，并非瑞士的独创，整个欧洲几乎都是如此，而且也是过去日本开发住宅地的常识。

而平坦地几乎没有了，最近的开发不得不以郊外丘陵地为对象。其结果，新的住宅区沦为一望无际的挡土墙的连续风景。

这种日本住宅区的景观，由于购买者要求以平坦的基地为前提条件，以及法规上规定的建房标准的制约，是不得已之举，因此，我们只能把挡土墙装饰得更漂亮，在选用材料的方法上做些处理了。

但是，看了瑞士这个风景，就经常想到我们也应该创造这样的街道。

让自然的斜面保持原状——也就是说把树木等保留下来，与此相连构成整个住宅区的风景……这个梦想还要一点点去追赶吧。

拥有公共的绿地

泊车英文为parking，动词为park，而park，如大家所熟知的那样是指街道公园，为什么泊车被写成公园+ing，不知道的人可以到美国住宅区去看看，就会明白其中的含义。

揭开内幕，从还只有马车的开拓时代开始，美国街道设计的手法之一是当时欧洲流行的建公园道路，即将道路两侧公园化，且道路本身也被建成公园。现在，在纽约只剩下名字的park-avene等，过去一半以上是公园，是名副其实的公园道路（名古屋电视塔下面100米的道路就是基于这个概念的设计）。

如果是住宅区，为了让道路两侧成为公园那样漂亮，首先要建围墙，建住宅要后退一定的距离，后退的部分不允许建房，而是像公园那样进行绿化。这个概念成为美国住宅区的基本思路。

因为后退，只种绿植的部分是道路公园化的部分，所以那里称为公园。渐渐地人们开始拥有汽车，在宅前那个部分进行停车，因此将公园放车的情况称为parking。

在东部、西部也是这样，像贝佛利山丘那样的高级住宅区，这种停车场，说到底是公园，不是停车场，甚至把车隐藏在住宅的后面，这个公园化的部分是美国住宅区非常重视的部分。

虽然是自己的宅基地，但没有边界等，向人们开放。道路美化的这部分，是私有地的同时也是共有的绿地，因此宅基地可以建得有趣、美丽，即便日本的宅基地和美国无法相比，十分狭窄，但也可以拥有同样的构想。

例如，将围墙做成篱笆，从住宅和道路两侧来观赏绿地等手法，完全是共有绿地的日本版，建小型公共停车场广场，在那里进行绿化等方法很有现实性。

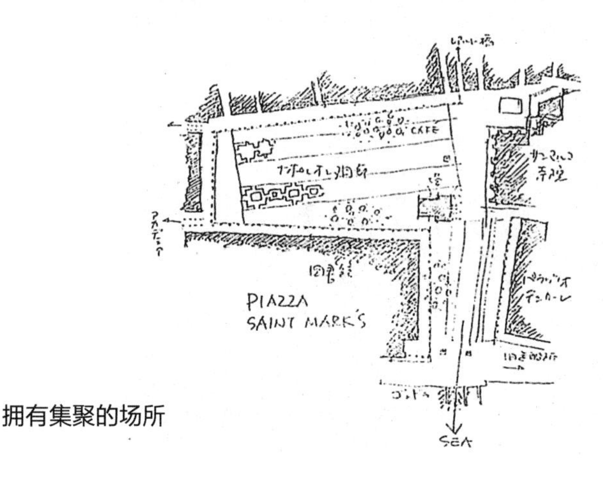

拥有集聚的场所

欧洲的街道肯定可以列出有几条日本没有的东西，但是其最具代表性的东西是广场。从炫耀权力力量的罗马的梵蒂冈、巴黎的协和广场那样巨大的广场，到意大利这类中世纪都市所有的像珠宝那样无数的小广场。

整个街道基本上由建筑所覆盖，几乎不能确保日照的古老的欧洲街道，夸张地说，只有广场是享受阳光的场所。

不仅是享受阳光，街上的人集聚在那里。熟人们一起喝着咖啡，亲切地交谈，信息得到交流，政治争论热烈，年轻人在谈情说爱。

因此，哪个街道都有广场。广场有教堂和让人倍感亲切的公共设施，很早以来就对广场投入力量进行整治，喷水的水幕闪耀着光辉。由于人气兴旺，这里成为人们亲热和爱恋的场所。

因此，城市是人们集中居住的场所，是人们集聚的象征，

没有它，街道就无从谈起，其存在意义深远。

照片上的威尼斯圣马可广场等也成功地表现了称霸于世界的中世纪威尼斯共和国的辉煌和威力，拿破仑称之为“欧洲的沙龙”，在世界上也是美丽的广场之一。

而且具有作为从密集的建筑群中切割出来的场所的强烈存在感。

因此，白天观光客挤满了广场，但依然是威尼斯街道人们的广场，夏天也好，冬天也好，街上的人们在午觉后的下午、傍晚在广场集合，在三个露天咖啡馆，一边欣赏乐团的演奏，一边喝着意大利浓缩咖啡或葡萄酒，度过愉快的时刻，这成为每天的例行活动。

在日本为何没有这样的广场？针对这一疑问，长期以来有各种答案准备着。

这里不能展开介绍这些答案，但是人们集中居住的地方有人们能够集中的场所很必要，这点得到很多人的共识，广场有各种形式，绝不是为作秀，不是死水一潭，应是有生机的，充满人气的，把若干个那样的广场镶嵌在街道，为把家和家、人和人、大人和孩子、自然和人工联系在一起发挥作用。

整合建筑

巴黎的街道什么时候去都觉得很美丽——给我们留下这样的印象，是世界城市中最具有城市美，而且充盈着快乐的街道。

在称为美食雅厨的美食街、蒙马特的界市餐厅、露天的咖啡馆，喝着干白葡萄酒，走在街上飒爽英姿的巴黎姑娘，令人养眼的圣・奥诺雷街。

就街道而言，你会发现笔直伸展的宽敞的林荫大道，位于每个交叉点的方尖碑或纪念建筑布置之巧妙，特别美丽的是其道路两侧的建筑统一协调的构成。

在欧洲，建筑本来附属于街区和道路，是不允许随便建造的。由每个街道和街区统一考虑的习惯做法由来已久，而巴黎贯彻得更加彻底。理由有很多，但最大的理由，还是因为今天的巴黎经过了1853年拿破仑三世进行的大改造。

按照拿破仑三世的指令，由时任巴黎县知事的奥斯曼具体执行的——巴黎的三分之二被拆毁，为使实行暴力镇压的军队可以快速行走，将道路进行纵横规划。为使道路两侧的建筑看上去秩序井然，实行了严格的建筑限制，并采取了一系列措施。

从整体的高度、墙面的装修到窗户的形状、扶手的设计、屋顶的坡度和材料、套窗的处理、样式等都做了详细的规定，整齐排列的建筑，就像近卫军阅兵式那样美丽壮观。巴黎整个城市都是以这样的基调推进建设的，只允许白色和蓝色的霓虹灯出现，更增添了其华丽感，这就是巴黎的美丽。

创造街区的美观，就像巴黎所代表的那样，建筑物的统一是第一位的。不仅是巴黎，世界中美丽的街道首先是建筑整齐协调，这是有目共睹的。

对此，感觉日本的街道永远是那样凌乱，就是因为各自为政建造出来的百鬼夜行式的建筑堆积在一起的结果。

当然，拙劣地把建筑物整合在一起是时髦做法，但是免不了千篇一律的单调，就像过去公团建造的居住小区或者最近的大型公寓那样。

把什么整合在一起，什么不能要求规整划一，这里面蕴藏着美学以及人性化街道做法的秘密。

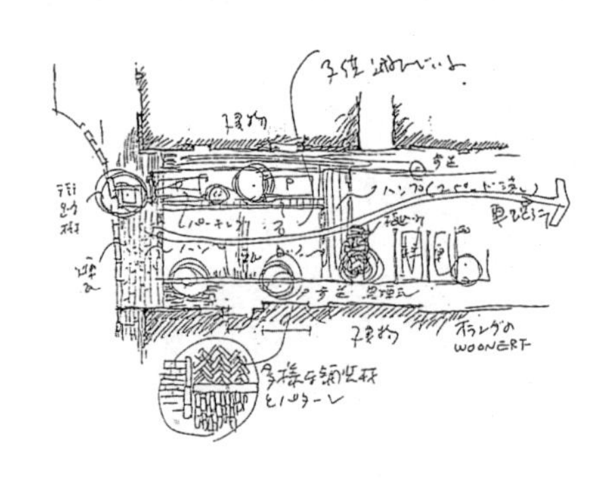

人车共生共存

今天我们看到的汽车诞生于1886年，即德国的戴姆勒蓄汽油引擎首次让四轮汽车行驶的时候。最初仅仅是玩具的这个机械装置，转眼就进入了我们的生活，而且那以后100年，汽车极大地改变了我们的生活。

“汽车社会”一方面造成了没有汽车就无法生存的生活，而另一方面带来了“交通战争”这一新的恐怖。

这个如此方便的工具，而又给我们人类带来很大威胁的汽车，在住宅区是如何处理的呢?

一开始，当然人和车共同使用原有的道路。后来发现车的速度和质量与人是不同的，之后就产生了人与汽车在不同道路上行走的创想，出现了汽车专用的高速公路和步行者专用的道路。

有车的人不多时这还可以，但是车的拥有率逐渐接近100%，与欧美并列，日本也超过了150%，到了这个水平，坐车的人已经不是特殊群体，也有我的父亲、母亲，成为一种常态。

那么，在规划住宅区风景时，能不能有效处理呢？在车的拥有率达到140%的荷兰，开始向世界普及温奈尔弗的人车共存的道路这一创意，研究了很多让车低速运行的方法，向慢速驶来的车，挥挥手打声招呼，朝着走下车的父亲们奔跑过去，创出这种场面的手法就是温奈尔弗。

在日本，在建设省主导下，把为购物的社区道路命名为交往道路，实现道路的人车共存，并希望逐渐普及到住宅区。

历史街道

佛罗伦萨是文艺复兴的街道。

在这条街道上，我们到处可以看到从米开朗琪罗、达·芬奇、拉斐尔到布鲁内斯基、波提切利、乔托、多纳泰罗等艺术家们留下的作品，以及唤起人们回忆的场所：乌飞齐美术馆、帕拉蒂奥、美第奇、维琪奥桥以及领主广场。

即便没有这些，这个从中世纪到16世纪，在美第奇家族的统治下君临意大利文化顶峰的城市国家——佛罗伦萨，充满了从但丁到沙文那罗拉的故事。

我们一踏上这条街道，就持久地陶醉在文艺复兴的夕阳余晖中，在视觉上统领佛罗伦萨街道的是中央的圣母玛利亚百花大教堂。

这个教堂是巨大的，被平均5层高的建筑所覆盖的这条街道，只有这个教堂几乎接近10米高，鹤立鸡群。

不只这些，规划意图是为了让整个街道从任何一个地方都

可以看到教堂。

因此，我们从狭窄的小路、小广场，偶尔从美术馆的窗户，所有的地方，各种角度，都可以仰望到布鲁内斯基设计的教堂穹顶。

街上的人们也是一样，一边在咖啡吧品尝着意式香浓咖啡的美味，一边仰视着这个穹顶，每次都会对街道的历史悠久有新的感悟吧。

同时，一定会生成对这条街道的爱慕。

所有的土地都有着该土地特有的历史，珍惜她，就是将持续至今的时间和空间传承到以后的意志表达，与该土地一起共生。

因此，世界各地无论是哪儿，很好地保留历史遗产的街道就显得很沉稳、很宜居，就像日本京都、高山、金泽、镰仓等城市。

在新街的建设中，有效利用这些历史的财富，纳入规划，希望它不仅仅只是一个方便的街道。

没有电线杆的街道

漫步在瑞士伯尔尼郊外的住宅区，经过森林时突然发现，路灯将道路照得通明，然而却看不到安装路灯的电线杆。在黑暗的夜晚仔细观察才发现，原来路灯包括绝缘子（电瓷）都直接挂在树干上了，再将树与树之间连接起来。

这样树木是否太可怜了，这点姑且不论，即便这样也不想建电线杆的心情，对其执着，不得不赞叹。

在欧洲、美国散步，总感觉不知哪里和国内不一样，可以列举一二，但其中没有电线杆的道路，让风景很清澈，这个部分占很大分量。我想正因为没有电线杆的遮挡，才能一览无余地看到美丽的风景——苍劲的绿树、瓦蓝的天空吧？

在十字路口等地方，看到街角的建筑伸出钢丝，正好在十字路口的正中间悬吊着路灯，在最需要的地方让路灯巧妙地照射，对其合理性，感到由衷的敬佩。

与此相比，那个难看的变压器、机身等，潦草拉设的又大又丑的电线群，纵横交错在半空中的日本电线杆的混乱，不管我们建造了多么美观的住房，创建了多么宜人的街区，都不能成为风景。

来日本访问的外国人众口一词地指责，如此这般以技术大国著称的日本，为何吊挂着这么丑陋的东西还不以为然，他们怀疑日本的美学意识哪里出了问题。

取消电线杆的方式，有欧洲街道所采用的从建筑到建筑连续拉设电线的，也有简单地埋设在地下电缆里的，或者做一个共同沟，将煤气管道、电话线等一起放入配线管中等多种做法。也许造价会高，维持管理难度会大，可能会遭到电力公司、交通产业省等机构的反对，但其他国家可以做的，日本为何不可以？

现在建设省等也开始制定目标，计划以每年100公里的速度，以城市为中心推进地下埋设工作。

我们也是一遇机会就向无电线杆的美丽街景挑战，不少城市已经实现了。

住宅应复合多种设施

走在首尔老街留有传统住宅的街道，脚步突然停下来。

在这排布着非常普通的住宅街角，出现了仅有的一家小小的干货店，“真令人怀念啊”，同行者忍不住拍了一张照片。

战前我们所熟知的日本老街也是如此，一般在住宅街道的街角会是一家点心铺或者蔬菜店，经常在那里碰上某个认识的人或孩子们，是一个小社区中心的风格，我觉得正是这样的风景，酿成了老街的亲切感、愉悦感。

而如今，住宅区甚至都集中在郊外，这些住宅区只是孤零零地排布住宅，所谓的商店只有走到某大街上才有，单调的白色的漂亮住宅和灰色的宽敞的马路，到哪都是千篇一律，接连不断，看不到一个孩子的风景就是今天住宅区的真实写照。

这么说来，过去经常来的卖拉面、卖山芋的小推车，最近都放在站前附近经济效益高的地方，不再到住宅区来了，因此听不到笛子声和叫卖声了。

住宅区，如果只是住宅，是不自然的，也是不真实的，没走几步就有香喷喷的咖啡屋，不经意的地方有个小花店、洗衣店，也会带来不少快乐。人类居住的地方，不需要纯种培育的单一产品，靠那些微设施支撑，我们才能生活下来，只有那些东西快乐地存在，才能构成快乐的街道生活。

6 设计航空空间

作为生活空间的客舱

高速移动的居住空间

航空的椅子也是“休息的椅子”

与人体生物钟无关的进餐

论非日常的睡眠

要求与日常生活同等水平的愉悦

休闲空间

旅行空间的舒适性

设计航空生活

作为生活空间的客舱

我本人是JAL（日航）俱乐部的金卡会员，就是每年搭乘JAL航班至少在33次以上。当然也包括乘国内国外其他航空公司的航班，年总飞行时间远超过平均200小时的标准。

虽然航空公司不同，国内和国际有差异。但这些飞机大多相同的地方是经济舱，不好意思，我只乘坐过两次JAL的头等舱。这样说来，我可以有资格代表普通的以及依据线路成为主流的一般搭乘者，思考很多有关航空的事情。

我是建筑师，设计过各种各样的空间，其大部分是人类生活的住居或商业办公空间，因此人是主角。为设计这样的空间，在所有案例中，具体去考虑作为主角的人在这种空间中如何理解，如何行动，如何反映，并养成了习惯。考虑其生活空间，从人的视角来看，作为航空空间的飞机移动的最奇怪的部分，是人长时间被禁锢的空间，以及乘客如何去接受这样的空间。

观察一下坐椅子和睡觉等人类行为就会发现，首先，人类保持同样的姿势不会超过5分钟，不，坚持不了，而且无论多么舒适的椅子，提供多么有趣的话题、娱乐，短则1小时，长则2小时以上，在一个地方一动不动是不行的，这就是人类。当然像军人、过去的学生那样，被强制训练的情况，另当别论。但是，从日本那样的岛国出来旅行，而且目前倾向于使用大型化客机和长路线、没有经停，不停地飞行，长达8小时到11小时，绕过南半球，经由中近东的欧洲线路等，30个小时的旅行令人不寒而栗。把你束缚在一个椅子上的旅行，这就是航空的旅行。

本来不可能飞起来的沉重机械飞上高空，无论如何空间会受到限制。为了票价不过于昂贵，尽可能多地运送旅客，以这种宿命为前提的航空确实令人无奈。因此要竭尽全力在狭窄的空间内尽可能地、哪怕提高一点点的舒适度，航空附加了与其他交通工具非同一般的待遇，诸如提供空乘服务、湿毛巾、电影、音响设备、餐饮、杂志、小卖店等缓解旅客的不满情绪。

的确，这种服务是航空旅行的享乐，但基本上忽视了对症下药。因为无法解决人长时间坐在一张椅子上的不舒适，就用飞机上的服务来填补。人经过一段时间就想换一个坐姿，想进行不同的动作。坐久了就想站起来，走一走，然而包括头等舱，航空乘客除了上厕所外，基本上是不允许走动的。这显然不合情理的，因为是航空，要求人们忍受，某种程度的不自由。

然而，航空是特殊旅行的时代已经结束了，到了人们已经不能再忍耐由于是航空可以允许不方便的时代。旅客如何不受到束缚，如在客舱内设置一些多少能让人可以活动一下的场地，能减少多少乘机人数，减少多少收入是否得到了充分的论证？这些计算另当别论，还是要想办法解决如此束缚人的状况，试管婴儿都能发明出来，更何况……

高速移动的居住空间

英国秘密情报人员亚当门罗，驾驶以最大32000磅的推力发射的洛克希德SR-71（美国合众国的秘密侦察机）在莫斯科上空飞行，由于飞机驾驶舱十分狭窄，以致后部座位的侧墙几乎贴着耳朵。

“好像被疾驰的列车撞上那样”，在撞击的同时，几乎是以90度直角飞上天空的，门罗以3倍的音速，3小时50分钟后到达莫斯科伏努科沃2号机场。在狭小的驾驶舱，脱下飞行套装换上塞在膝下卷成一团的西装，走向克里姆林宫（弗福赛斯《魔鬼的选择》，筱原慎译，角川书店）。

美国中情局（情报员杰克）精神分析学家杰克瑞恩（Jack Ryan），在有如空中飞行投递的卡车格鲁门（曼）一般无暖气、无窗户的机内，像过山车那样在5000英尺的高度上下移动飞行，为研究从苏联潜入的潜艇，从美国航空母舰“肯尼迪”那被雨浸湿的甲板上，冒着被撞击的危险，闭上眼睛飞入潜艇，乘坐航母的飞行员们回忆说，当时最紧张的是夜间着舰的瞬间（汤姆克兰西《追击猎杀红色十月》，井坂清译，文春文库）。

选择的这两个实例，都是接受美国总统紧急命令的情报人员，为阻挡国际恐怖活动，选择以最短的时间在两点之间移动，而挑选的飞机。本身就处于非同寻常的状况，因此其移动方法也并非轻松。

我们想回到主题。

当然，作为漂流一族的我们并不讨厌移动，反而享受移动本身的应该是多数。

漫不经心的早上散步，骑着自行车在附近商店购物的轻盈快速，星期天快乐的家庭兜风，时而抬头望去享受变化的风景的新干线等，已经完全日常化、快乐化的各种各样的交通工具的移动，是否可以加进航空旅行？这是本文的主题。

航空与这些日常的移动相比有什么不同，显然是速度，是支撑其高速的集约化居住空间。

作为交通工具的悖论是，居住空间的面积与其输送手段的速度呈反比，速度越快，空间越小。

花费三个月到欧洲度假，即便是过去客船那样的船舱，也比今天住宅公团的住宅要宽松得多，一边在轻松地享受丰盛的餐食和娱乐，一边是移动的东方快车的车厢，其宽敞程度与现在法国新干线等无法相比。

现在的飞机急于提速，前述的亚当门罗德的洛克希德SR-71，如果将其挡风关闭，几乎同机体处于同一水平的居住性能极差，巡航速度在2.0马赫的协和超音速客机的机舱内，狭窄得几乎会碰头。

为在两点之间尽可能高速移动，即使牺牲一些空间的居住性也无可厚非，是这样考虑问题的。

但是仅仅把高速作为唯一的必要条件的时代已经结束，以高速移动是理所当然的，其中获得多少日常性是今天的主题。

东海道新干线开通21年后，1985年终于开始新车辆的试运行（两层车厢和后来的希望号），真正努力提高座席及其他单间的居住性，仅从收益性高低来考虑问题这点，不得不说是相当落后的改良。

航空也是如此。已有的飞往美国各地的直升飞机，经由西伯利亚上空到达欧洲的航班等，仍然以既有型的机身和服务在继续追求速度。

因此剩下的是摸索今后有什么附加价值。

机体本身的设备、占有空间的容量等物理的改良，必须与服务等软件改良并行推进，这是不言而喻的，那么从确保日常性的视角如何落地?

我们已经获得了航空以外的移动，同时又拾起了航空过去没有的东西，如何进行充实是发展方向。

当然，在航空这个前提下，我们现在试着在航空中罗列出其他移动工具所享受的东西：无等待时间的搭乘、可从车窗眺望外面的景色、在车（船）内可以打电话、大的桌子、更加宽敞的伸脚余地、与椅子等组合的自由度等。

可以说，只要持续地改良，视为远距离飞行、长时间地束缚在椅子上、非日常性横行的现象是可笑的。丝毫不考虑乘客的身体条件，以当地时间为准开饭，可以说是违背常识的。

我们不要一直被束缚在一把椅子上，想能自由地在机舱里走走，在不同的场所、椅子上坐坐（一部分外国飞机在某个固定位置，深夜通宵在明亮的酒吧，静静地饮酒、和乘客们交谈的情景等实在像都会的风景），后部的一隅是否放张麻将桌？这是很早以前一些人的诉求。

不是那种缺乏稳定感的小桌子，如有张结实的大桌子，在飞机上可以办公该多好，这样想的人应该不在少数。

对目的地的期待，无论哪种旅行都有，但是根据线路的不同，准备好目的地相关的信息向全体乘客传达，比机舱内配备的杂志更亲切吧？在录像设备发达的今天，提供个人喜欢的映像，中途可以插播信息也是方法之一。

总之，让旅客在高密度人群中有瞬间感到自己不是在庞大的航空机上就是成功。

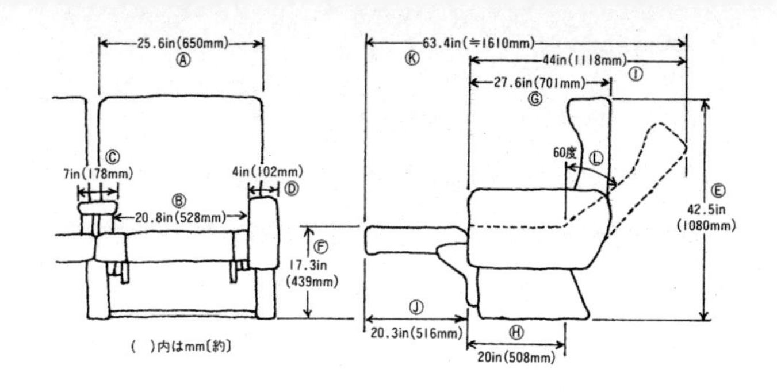

航空的椅子也是“休息的椅子”

就“小坐”而言，可以有许多种情况：有野营者们一屁股坐在山地上的坐姿，也有季节工在山谷等地脚跟完全着地的坐姿，有深坐在皮面老板椅的坐姿，也有咖啡吧那种在可以转动的小椅子上浅坐的等各种坐姿。

但基本上是为缓解由于数十万年前从森林来到草原、从四肢爬行到两脚站立、人类自命不凡的宿命——站立带来的疲劳，身体得到休息而坐。

那么，说到“坐”的行为，现代人休息的形式已经普遍使用椅子，但坐椅子的行为实际上是最近的事情。

可以上溯到原始时代，即便没有椅子之类的坐具，疲劳了，就近在地上稍坐一下就可以了。因此，最初权力者们曾把坐椅子看作比坐地上的人高贵而加以炫耀。

最先使用椅子的国家——欧洲等好像也是这样，从埃及的绘画到古代宫廷的绘画等描绘的都是只有国王和其家属们坐在椅子上、贵族们都站立其旁的情景。

有这样的记载，在路易15世的王朝，就连作为爱妻——掌控权势的蓬帕杜侯爵夫人，在相爱生活的第7年才首次被允许在国王面前坐椅子。

Chairman（议长，会长）这一对组织者的称谓，正是基于坐椅子的人是权力者这一认知而来的吧。

这个象征权力的椅子，其次要的用途确实是“休息”，但是并不是安乐意义上的休息，为了提高作业效能、不产生疲劳而坐是其初衷，可被视为欧洲椅子起源（原点）的挤奶用的椅子等佐证了这一点。

当然，在前述的蓬帕杜侯爵夫人们所属的贵族们的沙龙世界中，并不是没有休息用的椅子，那毕竟是属于权力者所有，对一般的人而言，椅子是可以暂时用来作业、做事的。

之后，由于椅子的作用——作业时为减少疲劳而坐——的改变，作为骑乘工具的椅子概念被采用。

的确，初期的交通工具——马车、汽车、火车等，在两点之间移动，总之近似劳动工具，为忍耐疲劳之苦，无论如何需要可以减少疲劳的近似作业用的椅子。

因此，比如小汽车上的椅子等，直至今天都是模仿方程式赛车的车座，如何抓住驾驶员的身体，使人体工学的操作变得容易……是汽车座位的设计要点，也是卖点。

航空飞机的座椅在初期也正是汽车的创想，航空完全是体育性的，比起旅行更接近于作业，那个时代飞行时间也短。

然而在喷气式大型化、直飞化的当今趋势中，长时间的旅行成为趋势。这时航空必须考虑真正能休息的椅子，追随椅子的历史足迹，也就有了座椅。

坐的行为，如前所述，是站立和睡卧的中间状态。

人类的行动，可以这样去认识，60公斤左右的身体，以其重心的肚脐为核心在运动。从这个意义上讲，正好位于休息与活动的中间部位，肚脐的移动无论是哪方面需求立即可以响应，可以理解这个坐的行为原理，是解除疲劳的同时也可以活动的最好的姿势。

因此，在试验性航空时代初期，将作业劳动用的椅子安装在驾驶舱里，查尔斯·奥古斯都·林德伯格究竟在哪里解手？这一定是英国皇家太子对到了巴黎的他最先想提出的问题。

经过试验性阶段后，开设了航班，由于成本问题，航空只是有钱人的交通手段，航空用的椅子首先有了“休息”的作用。

例如，据资料详细记载，1931年最初的真正的航空客机——南汉飞机公司HP42等配备的一定是经过精选的适合客人休息的座椅。由于重量的限制，机舱内各室使用的是用藤编制的优雅的安乐椅。

1951年，几乎还没有日本人去过美国的时代，根据淀川长治自传的记录，他是乘坐螺旋桨式飞机，首先到达复活岛，然后到夏威夷，再在机舱内度过一夜才到达美国的。当时泛美航空飞机中有一个从飞机中央走下来的小楼梯，下面的沙龙中有可以坐5个人的桌配套桌椅，吧台靠墙边有沙发，这也是有着强烈休息色彩的座椅设置了。

但是，航空的大众化，意味着背负运送大量旅客使命的开始，其初期的蜜月式的安乐状态变得奇怪了。

但是在有限的容积内，可以尽可能地大量运送客人。据说曾经从非洲大量运送黑人奴隶的运送船只，在通常一层的船室中间再加设一层楼板，成功地运送了两倍的奴隶。

由于低矮的顶棚，长时间的航海只能弯着腰，这两倍的旅客中有1/3丧生了。即便这样，奴隶商贩赚到的钱还是大头，所以这种做法一直持续了很久。

航空客机，主要是经济舱的客人，并非把这些人比喻成奴隶，但至少大量运输时代的椅子比起“休息”的功能，至少让人感到椅子的初衷是为了减少疲劳，让人最小限度地坐着，不也是事实吗?

小腿紧贴着前座的后背那样的座椅间距，虽说是可以倾斜的躺椅，但绝不是可以安眠的椅子。

总之，坐在近乎作业用的椅子上，而且形势与那个椅子毫无关联，只是坐椅子的时间在一味地延长。

无论是怎样完备的休息用椅子，8小时以上一动不动地坐在上面，也是非日常性的今天，在《爱与悲的结果》这部电影中，束缚在椅子上2小时41分钟没有怨言，是因为我爱的麦丽尔斯德利普（音译）就在我眼前，与其相比，22小时一动不动地坐在椅子上运送我到达开罗的埃及航空，没有给我提供任何补偿，是不合常理的。

即使飞行时间延长，途中也不降落，直飞这种倾向开始了。

感到疲劳的时候，到达了安克雷奇机场，一边品味着阿拉斯加面条，一边在并非免税店的商店来回逛着，将疲劳进行转换，现在这种方法逐渐不用了。

那么，航空的椅子也到了寿终正寝的阶段，必须回溯椅子休息功能的本质，追寻去实现的方向，这是到了不能闪了腰的年纪的我们强烈的愿望。

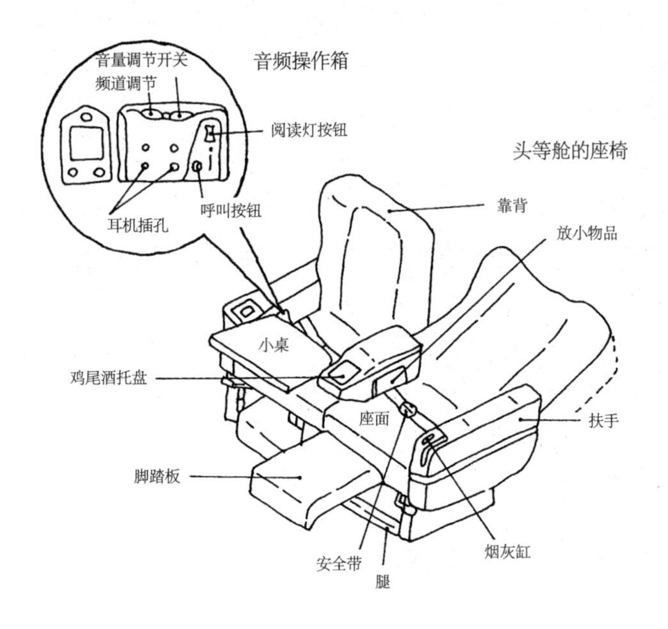

· 头等舱宽敞的空间，从飞机座椅看各种数字

人，长时间保持同样的姿势就会感到非常难受，因此越是长时间的飞行，越需要有脚下可自由伸展的空间，考虑增加座椅前后的间距。

经济舱的座椅间距，分别是以长距离94厘米（允许限度为91.5厘米)，短距离86厘米（允许限度为84厘米）为主体进行座椅配置的。在头等舱配有踏板，因此有144.8~152.4厘米的宽松空间。

· 脚下悬空舒适度的问题

微妙地左右坐姿舒适与否的是从地面到座面的高度。以前也有约为46~47厘米的，美国航空飞机的座椅就是模仿和采用这个尺寸的。因此当然不符合日本人腿的长度，所以要改良。一时降到了42厘米，也就是降了约5厘米，但这样可放置手提包的座椅下面的空间就变窄了，最后5年前（1986年），固定在43~44厘米。

顺便说一下，一般接待室的沙发座面的高度为37~41厘米，办公用椅子的座面高度为42~50厘米。

· 大个座椅靠背的高度

在座椅上采取放松的深坐姿势，就会希望有结实的够长的靠背。但是如果高过目前头等舱座椅的高度的话，重心的位置就会升高，进而产生安全上的问题。

另外，座椅的高度设为43英寸（109.22公分）的话，坐在后面的人就看不到电影等屏幕了。因此，座椅的靠背高度也要根据安全性、功能性、就座的舒适性等进行综合考虑确定的。

· 能忍耐到什么程度

飞机的座椅首先是安全性，然后是着座的舒适度、轻便性、整合性要好，设计重点放在结实耐用上。

在安全层面，前后、上下、水平方向能承受多大荷载是重要的，法规上各有限制。在3秒内可以承受前面9G（G表示自重）、下方6G、上方2G、侧方1.5G的重量进行强度设计。特别是对前方可承受最大16G（0.07秒）的重量努力进行设计。这是过去的思维，只把静荷载作为问题，对比新的思维也能应对瞬间冲击的动荷载。

各座椅扶手的侧面装有躺椅的操作按钮、音频操作箱。看电影、听音响、古典音乐、相声等，除专用的耳机插孔、频道、音量调节按钮外，还装有音响操作所需要的各种开关、呼唤空乘的按钮、阅读灯等、在软件方面装备各种设备。

虽然空中旅行容易乏味，但为了让旅客尽可能舒适地度过，推出了不少创意。

而且，国际航线的经济舱是收费（2.5美元有的地方免费）的，但其他设备可以免费借出。

与人体生物钟无关的进餐

食欲和性欲是动物在地球上生存和繁衍不可缺少的行为……这是在美食研究上有较深造诣的民族学者石毛直道的理论。

进餐也好，性交也好，其生理行为本身与文化没有什么关联，但就人类而言，与行为本质无关这点上要有附带部分，其附带部分就是文化（《贪嘴的民族学》，平凡社）。

“……当咽下最后一口面包后，那女人一下子瘫靠在墙上，脸上微微流着汗珠，脸颊泛着玫瑰色光泽，空虚的眼睛湿润了，在黑暗中闪着光，‘完美了’女人低吟着……饱食后的假死状态，好美食与好色一样的脸色是不足为奇的”（开高健《夏天的黑暗》，新潮社）。

食对人类来说，从远古时期开始就远远超过了生存本能。烹调这种行为，不仅是吃东西，其进食的过程是人类寻找快乐所在的证据。

罗列食物所具有的本质有各种，其中最大的是选择性。

辻静雄因每天的午餐按照吉兆进餐而有名，绝不吃同样的料理，一定是按照吉兆之主汤木贞一不断推出的每天不同的套餐进食。根据建议方的观点，今天会是什么样的料理？客人的期盼，以及绝对不能拿出同样的东西，服务方也在绞尽脑汁。

即使不是这样，每天连续吃同样饭的人几乎没有。根据健康状况、心情、季节、气氛，人在考虑想吃的东西，然后去品尝。进餐的快乐，在这些方面不能否认其选择部分的自由度。

在没有选择自由的军队、监狱的伙食，被说成是非人待遇的代表的理由也在于此。选择性在外面也有，吃喜欢的料理……此外，还包括喜欢的餐馆、喜欢的时间、喜欢的厨师，到喜欢的餐具、喜欢的甜点的选择。

根据山本益博先生等人的观点，照明的好坏也在选择范围内，如果昏暗，肯定得分低。因此，为了想得到三星级，甚至出现了在桌子上点着闪亮灯泡的饭店。

这些姑且不谈，还想在天堂等所谓的概念中终日无所事事，肚子饿了慢腾腾地起身，从身边的盘子里取自己喜欢的东西吃，渴了就喝，困了就睡，只要有欲望……持有这种意识的好像跨越了民族的差异，都是共通的。

让你在规定的时间起床，让你吃一成不变的饭，乘同一辆车，在同一站下车；让你在同样的时间做同样的事，在同一家店一边听着同一同僚的牢骚，一边喝酒，回到同一个家……每天重复着同样日子的工薪阶层的父辈们，至少在星期天睡一个囫囵觉，日复一日的惯性，也许也是人们寻求的天堂或极乐世界的人类本能（那么母亲别把那偏见当作粗大垃圾处理，不要打扰想玩味人类创世以来的梦想的父亲）。

就寻求食物等本能的快乐行为而言，选择性是何等重要。话虽这么说，但提到航空食品，可以说是完全背道而驰的，因为航空食品可以说几乎没有选择性。

以下的记述，基本上只是1、2次头等舱及豪华旅行的见闻，规避了前述由大部分经济舱体验带来的偏见。

首先，关于材料等食物本身的选择。

备餐大体照顾到素食主义者、穆斯林的人群以及幼儿需求的不同，据说是这样的，但不可能用厨房附属的司炉准备盛大的变化多样的餐食。根据航线（中近东和大西洋航线乘客的构成明显不同），对乘客的差异有一定程度的解读，但是除了根据数据搬入客舱外没有其他考量。

还有，坐在经济舱后方的不尽人意，按从前往后的顺序服务时（不同的航空公司好像规定不同，有从前往后，或从后往前开始的，也有前后同时开始的，因此有时由于座位的位置和空腹程度处于十分焦急状态）经常是牛肉饭没有了，只剩下最讨厌的鸡肉饭了，这种情况我也体验过。

即便是头等舱，最多只有两三种选择，看上去琳琅满目的小吃（冷盘）之类，只不过是餐车上仅有的几种。

接下来到了上正餐主菜的时候，千篇一律配有青豌豆以及玉米胡萝卜的（菜单上写着时令蔬菜，一点不假）牛肉，程式化地浇上酱汁。

从统计学或市场研究来看，虽然如此，在印度的内地等地散步时突然碰到这个“有西方文化”的地方，便趋之若鹜，虽提出异议不好，但大家真的想吃那个东西吗？

一起上来的面包、黄油、奶酪都不好吃，但这些毕竟都是搭配的，搭配同样的东西还好，而正餐主菜就不同了，也就是说，提供不出那个国家的特色东西就感觉索然无味（世界美食家说那个国家的人说好吃的东西，谁吃都好吃）。

例如，的确希望提供热的牛肉。但是对日本人来说，如果没有热汤就很扫兴。即对日本人、东南亚的人来说，所谓食道，最基本的原理是热，同时必须是有汤的，这样的肠胃，绝不会适应可口可乐和汉堡之类的食物。这就是为何在美国三天就会寻找拉面馆，见到拉面就两眼放光的原因。

在国内航线，很难打开——几乎滴水不漏——带盖的果汁，用保温壶提供速溶咖啡、速溶汤料包冲的汤等，提供热汤这点小事如果想到完全可以简单做到的。希望在这方面有改进。

关于调料也一样，准备食物本身的多样性可以放弃，那么至少在统一的味道上变点花样？

目前长距离的飞行，要提供3次餐食，即使内容有些变化，而味道还是一样的，只要一闻到味儿，就会食欲大减。

例如，与坐便宜的船旅行了三天的情况相同，同样的厨师、同样的汤料，多数人第2天就没有食欲了。

通过菜单的改良，可以预备多种品味和味道，用随机数进行组合变化，干脆不如向纳税厂家进行开放，每次让各公司进行自由的调味等，这难道是梦想吗？晚上有上野的精养轩的烤牛肉提供，白天有荻洼的丸福拉面提供，乘客该多高兴啊！

不顾及乘坐人的生理时间，根据当地时间信口开河地说现在是早上了，提供早餐，当地时间是晚上，就说提供晚餐，将小桌子收起拿出都很费劲。这是IATA（国际航空运送协会）的什么规定吗？有机会我一定去讨教。

那么如果当地的飞机当地的人马上给我做，在当地吃上热乎乎的饭菜的话，那么就在当地的早上吃早餐。

但是，送来的刚蒸好的蛋包饭也是25小时前从千叶某地运到成田机场附近，由铺有石板瓦屋顶的工厂制作的，食用前用焗炉加热后（不，如果这样考虑不让味道和烹调火候改变，再生技术也是很了不起的，仅次于即便凉了也能美味享用的技术在行业首屈一指的横滨崎阳轩的烧卖）送来让乘客吃的，两者都行。

也许出于好心，通过供餐的强制行为，让到了当地马上就开始行动的乘客的生物钟适应当地的时间吧。

顺便说一下，不能因为是早上，就让身体规律按照当地时间运行去吃饭。

像我这样胃肠较弱，即使这样，由于旅行，是假日，从工作中解放出来，以此为借口要酒——对父母来说视为天敌——来喝，对这些人群来说，任胃去疼，对运动量为零的人来说，吃饭无疑是痛苦的。有人会说那就不要吃，可以拒绝，然而在战争年代长大的，抱有好奇心的我，除了醉酒以外，一般是来者不拒，但有一半吃不下去，只是拿些果汁和甜点，然后交回。每当这时，就觉得很对不起非洲的孩子们。

我认为开饭的次数，在日本-欧洲航线可以减少一顿，在IATA开一次减少服务的会议怎样，把节省下来的那顿饭给非洲的孩子们。

B747-LR 客舱内厨房

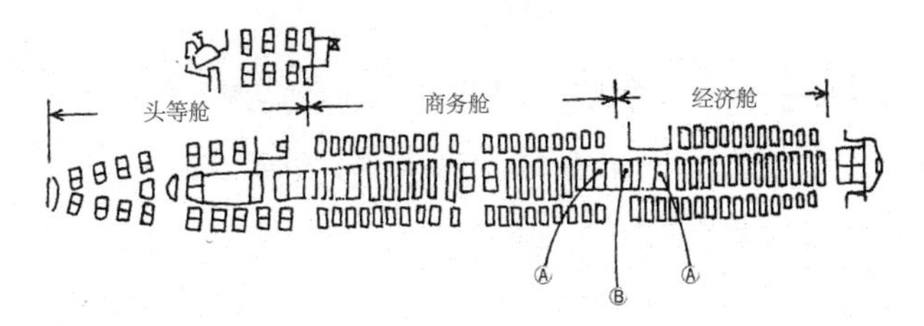

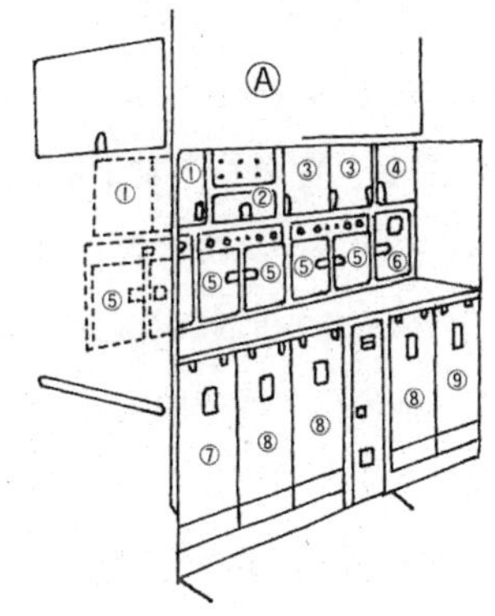

① 小茶壶、茶壶、服务托盘

② 厚锅把手

③ 左侧为开酒瓶工具、厨房用刀、牙签等小物件；右侧有砂糖、姜、红辣椒等调味料、梅子等

④ 纸杯、塑料杯等

⑤ 加热正餐主菜、肉等的高温火炉

⑥ 橘子、葡萄等水果、西红柿汁大型罐头

⑦ 冷盘用的托盘、纸巾、香槟酒杯

⑧ 经济舱等餐食托盘

⑨ 小酒柜、酒瓶类可收纳180瓶以上

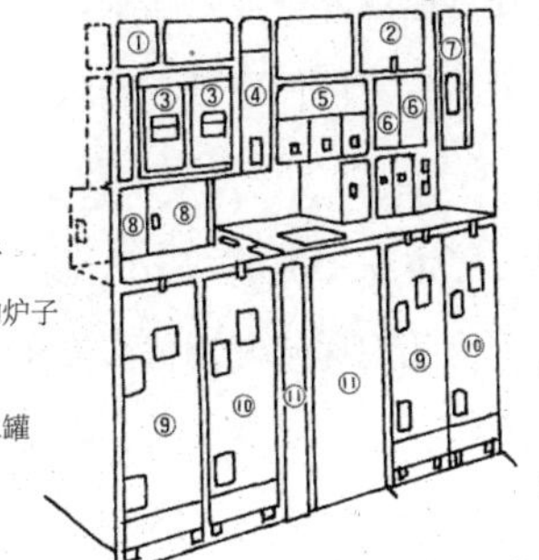

① 水瓶

② 咖啡豆、罐子

③ 加热小毛巾的炉子

④ 水、罐

⑤ 热咖啡、热水罐

⑥ 供热罐

⑦ 咖啡厂家

⑧ 咖啡器具、小毛巾、竹盒

⑨ 日本酒、啤酒、葡萄酒、香槟、冰块、牙签等

⑩ 机内销售的礼品、香水、珍珠、烟、威士忌

⑪ 废纸箱

论非日常性的睡眠

布里阿萨巴蓝（音译）在其名著《美味的礼赞》的扉页上留下这样的名言“说出你在吃什么东西，猜出你是什么样的人”，他被称为美食家的先驱者。

的确，正如这本书的副标题“味觉的生理学以及超群的美味学随想”所述，全书记录了有关料理、美味的随想。该人不仅仅是美食家，还被称为解剖学家、生理学家、化学家、天文学家、考古学家，特别是文学家。因此在书中对于食欲、食物、油炸食品、饥渴、贪食者、消化、休息、梦想、死亡、肥胖症、绝食等诸多世象都有独到的论述。

其中关于睡眠，他给出了明确的定义，例如他说“睡眠就像在黑夜中被两团薄雾所引领，一个把我们引向绝对的无生气，另一个让我们恢复鲜活的生命”。在接下来的章节中，他又指出“死和睡眠是完全不同的，睡眠是先有愉快的心情，在坚信肉体会得到迅速恢复中进入睡眠，灵魂也希望睡眠作为复苏的活动手段，带着信任感进入睡眠。”（关根秀雄译，创元社）

是啊，睡眠不仅仅是停留在生理活动层次上，我们被想入睡的心情所驱动，正因为我们深知并期待着充足的睡眠会带给身心充实感。

一天24小时的最后8小时用于睡眠是人类与生俱来的生物钟

的规律所要求的，同时通过睡眠，可让疲惫的肉体迎来精神焕发地醒来的早晨。

正因为我们熟知这些，在进入睡眠时，会带着安慰平静和愉悦的心情，不愉快，就睡不着。

所谓睡眠，就是有意识地停止精神活动，即通过让大脑皮层的活动静止，除了心脏、肺等最小限度维持生命的器官外，将能量消耗减到最小，从而恢复第2天活动的这样一种生理活动。作为其条件，只要大脑皮层的活动不停止，就难以入睡。因此不减少对脑部的刺激就不能入眠。

因此，如果不让睡觉，让其发狂的最简单的方法就是向身体的某一个部位连续不断落下水滴。说的就是这个原理。

因为我们知道，睡眠有这样的快乐，才会在睡不着的时候就不愉快，稍微睡不好，不安情绪就会加大，就越发睡不着，即所谓失眠的恐惧。

卡尔·希尔逖在《不眠之夜》一书中写道“失眠的夜晚是难以忍受的灾难，无论是健康的人还是患者都害怕失眠，因为前者知道守护健康主要是靠规律的睡眠。”

因此，如何才能睡得好，学者们的研究颇多，仿佛都停留在经验之谈的层面。一般认为是心理原因“今晚睡不好，明天睡也可以”，今晚要捉贼，要值班，忍着不能睡，反而会不知不觉地困意袭来……（泰井俊三，《失眠症》）。

但是说到飞机上的睡眠，首先，旅行本身就是一种户外活动，加上人们对飞机有一种潜在的不安，就算飞行相当平稳还会有震动和噪音，与平常相比，是高密度的团体拥挤在一起的空间，加上必须坐在椅子上睡觉的条件……更加剧了本来心理上就相当不安的因素，这种环境，使得大脑皮层处于高度紧张状态，睡眠几乎是不可能的。

几乎，至少是第1次，第2次乘坐经济舱的旅客已经把水杯里的水喝干才出发的，紧张和兴奋，就是想睡也睡不着。回顾我自身的体验可以理解。就连头等舱悠哉几十次旅行经历的高官，也是如此，为外出旅行这一周如何忙碌的，其紧张感肯定还残留着。

如果是昔日的乘船旅行，逐渐地，那个兴奋也就恢复平静，大脑皮层的活动也平息了。然而，长达20小时飞行的今天，大家都在失眠状态下结束飞行，降落在异国他乡也是无奈的。

这种个人心理问题，航空公司也无法介入，没有办法只能营造可以平均的入眠的物理环境，别无它法。

一般也只有一个做法即制造没有刺激的环境，让机舱内无光亮、无噪声，不冷不热的温度，洗个热水澡，饮少量的酒，这是医生的忠告，其中在飞机上可以做到的只有这些，别无选择。

当然洗澡是不可能的，其他还可以，但是少量饮酒好像都超过了酒量，结果身边的人都睡着了，而自己却焦急地睁着眼睛，这种体验你也有吧。

有人认为坐在椅子上睡是很勉强的，心情可以理解，但从动物学上仿佛是没有理由的。按动物学者的说法，鸟是用脚趾抓住树枝保持稳定的状态睡眠的，大部分哺乳类动物都是蜷着四肢趴着，头也不放在地面上睡，灵长类猴子等直立着身躯睡觉为平常睡姿。对此只有人类是不固定睡姿的，也是特色。

动物们睡觉状态都是醒来瞬间就可以转向行动，而人类不是醒来就可以立即起床的状态。

人类是动物中罕见的直立行走生活的，肩背宽阔、平坦，以仰卧为主的睡姿，除此之外也有横卧或俯卧的睡姿，真正困了也可以简单地倚靠或坐着睡。只是倚靠睡很快就会转入下一个睡姿，因此与动物相似也是自然的。

总之，如果没有固定的睡姿是人类特征（《藏在人体中的动物》，香原志势，NHKBOOK）的话，那么坐在椅子上难以入睡是你日常生活习惯问题，本质上好像并非如此，这个归于神经系统吧。

最好的证据，好容易腿也伸开了的头等舱宽大的椅子，完全可以放倒睡了，而旁边是体态丰满的三十几岁的大姐，就好像一起睡在一张双人床上的感觉，这种尴尬的距离又让人难以入睡，其结果是两人都起来了，边喝酒边打发时间直到早上。读了深田祐介在日航机上杂志*WINDS*中的告白就会明白，坐椅子绝不仅是睡不着觉的唯一原因。

但是不管怎么说，航空的非日常性的确让人神经抓狂。如果它无法让我们入睡，今后就应该考虑，如何让航空机内的空间就寝环境接近日常性。

在早晚通勤高峰，有人可以在拥挤的电车中熟睡，为什么更有弹力的椅子却睡不着？

那么干脆变成通勤车那样有长椅子和吊环的车厢，发富士晚报。或者搞成会议室风格的、在桌子周边围一圈椅子八卦地侃大山。

言归正传，一时作为总统特使的空中飞人基辛格，其时差吸收法，据说在世界各地无论到哪都是以华盛顿的时间行动，即使到达时间是当地的早上三点，只要华盛顿是白天就毫不客气地要求开会，不管当地是否白天。只要华盛顿是晚上就拉上窗帘睡觉，也许正因为这样坚守了日常性，才能完成高强度的旅行吧（特别是大半夜被叫醒，白天又不会见，各国首脑肯定会不高兴，据说也这是后来基辛格不得人心的原因之一）。

不是基辛格那样的大人物的我们，应该如何做出我们的日常性？为此再次引用布里阿萨巴蓝的文章作为结语：

“夜晚休息时间到了——周围的窗帘绝不拉上——这样夜间微睁着眼睛能看到余晖，感到安慰——睡帽是布制的，厚重的毛毯，不将其盖在胸部，但是不忘让脚下保暖。

他吃八分饱，美味佳肴，来者不拒，喝上等的葡萄酒，不管多么名贵的酒也不过量。上甜点不谈政治，谈风流话题。比起吟诗更喜恋歌，也喝上一杯咖啡，过一会儿再喝一勺上等的甜香酒，只是为了让嘴里飘香。在这种状态下，他本人，其他人都心满意足地上床，安静地闭上眼睛，昏昏欲睡，不久就进入连续数小时熟睡的梦乡。”

要求与日常生活同等水平的愉悦

在天空飞翔是人类自古以来的梦想。这是由于重心（地心引力）被束缚在大地的动物，想挣脱它向往自由的愿望，而又不能实现。

因此，称作伊卡卢斯（希腊神）的早期成功者，当他即将实现夙愿时，忘记了给他绑上羽毛的父亲的忠告，得意忘形到处飞翔，结果遭到神的报应，最终掉到了地上。

但是初次飞向宇宙的他的第一个感想，“啊，终于可以快速移动了”，并不是即物式的感想，一定是“原来飞向天空是如此地爽”充满欢愉的。

那是摆脱地心引力获得的释放（正像想象的那样从地上浮起来）感。仅此就足以快乐不用说，也是实现了从高处往下张望，自有人类以来，不可阻挡地登高望远（巴别塔，当然也是想登天的人类的傲慢和穷奢极欲，另一方面也表现了单纯想登高的欲望）的愿望。

在这个意义上，“自由地在空中飞来飞去”航空的愉悦感最大，也许谁都不否认。只要问问航模——飞机固体模型的爱好者就会知道，一般制作的愉悦是初期里希特霍芬（德）飞行员们用布贴的双翼机模型，这种回答是肯定的。问一下影迷们，描写航空题材的电影最有趣的是什么？回答肯定是《壮志凌云》（Top Gun），而且集中在驾驶着古老的飞机到处飞翔的“飞机小子”，而不是最新锐的现代航空机狂飞的电影，这也说明，在远古的航空时代有着自由展翅飞翔的愉悦，这些曾几何时沦落为只是追求快速移动的装置，也是对现代航空一种诟病吧。

是啊，的确，现在航空完全丧失了在初期享受的遨游感这部分，仅剩下快速移动，速度完全压倒了一切。

我经常乘坐的东京–大阪航班，以我的家代官山为起点的话，只是比新干线快1小时20~30分钟，为此要先乘出租车到达滨松町，换乘轻轨，在羽田机场通过金属探测器，在大厅等候一些时间，然后乘上大巴，最后登机飞上天空，稍微打个盹就到了大阪，回程是相反的航线再重复一遍，十分繁琐的旅行。

真想下次乘新干线，稳稳当当地去大阪，这是我们被动旅行的人们真实的愿望，但节省时间——严肃的现实，不允许我们这样做。

当然并不是说，去金泽坐电车要花费8小时以上时间，乘飞机1个多小时就到了，去欧洲却要乘坐绕道西伯利亚的火车为好，对此没有什么不满，而是感言人类是很随意的动物。

不要浪费多余的时间，在这个意义上，必须要对航空心存感激，东京–大阪的航线也就是缩短1个多小时，绝对是重要人物为多，那个航线由此而拥挤。

但是另一方面，珍惜那一点点时间的人毕竟是少数，“比起时间，追求舒适的心情更强烈，想一想，为何协和超音速客机那样被人所青睐，结果还是被喷气式所驱逐。那是因为不少人要求比起速度更需要空间宽敞、价格合适等舒适性”。也有这种呼声。

那么想想看，究竟人们对航空的旅行，对快乐有哪些期待?

深受欢迎的作家，充分理解人们的爱好，并描写出来。著名作家针对航空旅行描述他的快乐如下：

介绍这个故事会很长，简而言之，他描写了一般商用飞机难以享受到的私人飞机奢侈的旅行。

私人飞机707内部有乘客用的4个“房间”以及客舱，主要休息室、餐厅和办公室，主人的私人办公室，以及桑拿间中的聊天室。

成为“房间”的单人房间，三面墙壁装有柚木木板，其中一张板上贴有镜子，有放置电话机和打字机的办公室，旁边是微型酒吧。

有长椅子，其正面有电视屏幕，旁边门的背后是浴室。除道·琼斯APUPI电传（电报）等信息外，还有令人窒息的美丽的妙龄少女，高级应召女郎，随叫随到的服务。法国厨师长主厨，以银灰色和淡紫色为基调的餐厅，与世界顶级的餐厅颜色相配的，是洗练的丰盛的餐食。

空中小姐自始至终周到热情地服务（《兑换商阿萨亨

利》，永井淳译，新潮社）。

有点不好意思，故事太通俗了，描写某银行家被欺诈式的跨国公司上司带走的过程。要表现其招待的奢华，作为美国通俗作家，也许把美国人绞尽脑汁要求的航空服务的细节都描写了出来。

银行家那以后与在巴哈马跨国公司包雇的应召女郎扯上关系，最后走向自杀。即便不是银行家，在这样的飞机上接受意想不到的服务，都会受宠若惊地陷入对方的圈套，这样一个过程可以理解。

也就是说，对一般的航空的享受要求，结果在飞行中难以品味到，诸如一个单间的座席、美女的色情服务、桑拿、法国厨师等罗列了几种。

但是细想一下就可以得知，在这种思考的路径中，明显地包含有以欲求不满为背景的大众欲求和梦想。

在日常生活中，只要有金钱和机会，谁都可以享有的这些服务，因为是航空而不能给予的不甘心的意识。

的确，现在的航空就算是头等舱，所能得到的娱乐也就是录像上放映的“最新”电影，至于场末电影馆，不应该有这么丑的场景，在这种状况下，被关在里面，只能享用没有选择余地的音响设备、机上杂志、报纸、周刊之类。

如果有诉求的话，一个飞机好像只备有2–3套似的，很不情愿拿出的扑克，还有幼儿用得已磨损的绘本。

这仅仅是人们需求的“日常娱乐”的一部分，不满情绪的积累是不言而喻的。深知飞机的空间是有限的，原本追求高速运行是主要目标，追求享乐似乎显得过分，即便如此，也希望航空是日常的生活空间。因此娱乐不是做样子给人看的，一定的享受是必要的。

扑克、音响、电影等，作为旅行的空间，绝不是可以满足的东西，熟知这些的当事者，为压制不满情绪，只会一味地给我们发糖果。

航空最好配备一些与普通生活同等水平的东西，其本身也是很享受的，摸索这个方向是十分必要的。

过去也说过，取代只有少数拥有特权的人可以专用的头等舱，规划一些收费的麻将屋、桑拿、美容、沙龙等消费，可以让乘客快乐，那么钱是没有问题的，肯定会有很多人喜欢。

就定时的酒水服务而言，像部分航空公司所做的那样，做成通宵酒吧的气氛，效果就会大不一样。

有这么两三个席位就行，客人可以从自己的座位上离开，“散步”时稍加小坐的椅子总比后方空出来的三人坐，被狡猾的旅行老手占为卧床，让那些睡不着觉的焦虑的顾客看着的情形要好吧。

顺便在椅子上装上录像，付费（并非不收费）选择自己喜爱的电影观看多好啊。

绝不是要求“什么都要给我做”的美女服务，毕竟不是自由地在天空飞翔，航空本身成为一个坚固的、系统化的今天，在飞行中只想要求一点点的生活自由度。

比如接近中午到达欧洲的航班，早餐结束后，还有1–2个小时到达目的地，飞机内，喷气机等后部有6个，中央部有4个，共10个卫生间前的通道排满了人，这是一般情况。除了从侧面安全门的窗户向下张望的人、有机会和空中小姐聊天的幸运者以外，大家都不约而同地露出冷漠的面孔。不用说，与平常不同，大家早上都是被“自然生理的呼声”所叫醒，女士们睡觉弄乱的妆容，恨不得早点得到补妆修复。

但是除了头等舱，将近300多公务舱、经济舱的客人，而且大部分有早餐后排泄的习惯，只有10个卫生间，显然是远远不够的。

在那段时间，不是马桶堵了就是卫生间不能使用，曾几何时，不良气味和焦躁不安的气氛开始在客舱蔓延开来，不仅是立等的客人，就连坐在椅子上的乘客都开始不爽了。

基本上都源于卫生间不够。

喷气式飞机是365个座位，共14个卫生间，每个卫生间为26个位；DC–10是241个座位，8个卫生间，每个卫生间为30个位；波音766–300是245个座位，6个卫生间，每个卫生间为41个位，数量最少。

当然国内航线与国际航线不同，这个数字不能一概而论。

我本人专攻的是建筑设计，在办公楼内，在大小便兼用的意义上，同样功能的女子便器大约30 人一个，加上男子便器和洗手盆，每天早上，公司所有的卫生间都是满员状态。有此体验的工薪阶层可想而知，航空的卫生间数量何等的不足。

即便如此，光责难航空公司，未免不公平。

原本，飞机本身就是让一个滑稽的物体在空中高度行走，必须尽可能减少荷载的航空，没有想到要装备卫生间这样重的设备，是情有可原的。

从纽约出发经过33小时29分钟30秒的飞行，于1927年5月21日晚上10点21分30秒，到达巴黎的布尔热机场的琳德伯格，当被时任的英国皇太子迫切问及“那个（排泄物）如何处理”时十分尴尬。

减少重量就如同从钱包中拿出证件、护身符那样微小的重量，总重量2.5吨的圣路易精神号不需要那样的设备。

直到相当近期的战斗用航空机还没有配备卫生间（直到现在几乎还是），同时代的客机，比如操纵人员1名、旅客4–6名等福克“通用”飞机，当然也没有那个设备，要求乘客搭乘前先去上厕所，然后再上飞机。

需要减轻重量的航空机，比如1968年12月在不加油、不着陆的情况下环绕地球一周一举成功的波音飞机，首先为了减重，飞机机身都是用玻璃纤维制作的，使用的金属只有很细的6个螺栓的纯粹工法。而且驾驶员座舱像电话亭一样小，迪克鲁恒和战珍娜耶格尔两名飞行员轮换操纵，当机身上仰时除操纵人员，后方还需要一人轮班乘坐。在此基础上，为削减重量，战珍娜甚至剪掉重450克的金发，当然卫生间不可能存在，两个恋人之间那个方面如何处理，就连爱德华皇太子都想知道，对方是女性，不能问这么失礼的问题，在这架飞机上他们一天只睡2小时，飞行了9天。也许有人会说别这么奢侈，但我们毕竟不是冒险家，仅仅是旅行家，还是希望考虑这个地方。

飞机上的卫生间，这个地方实际上应该更拥挤，乘客想去方便又在坚持的情况相当多，最好的证据就是东京-大阪航班，只有45分钟，到达机场后，有那么多人直奔卫生间，每当飞机到达时，机场的卫生间就人满为患，建筑设计者被指责设计失误，实际上人们从心底是排斥机上卫生间的，设施策划者没有察觉到这一点。

为何排斥，理由很简单，是恐怖，该不会通过便器的排便管被机外宇宙空间吸走吧，对此有深层的恐怖心理。这样一说可能会笑，可以随便笑，有这种潜意识是事实，心理学家这样说。

而且一想到空气排气阀，那个便器就发出“嗖”的一声响，真像排向宇宙的声音（实际上，我在战争中第1次经历火车经过关门隧道，在通过隧道时不得使用厕所，我认为就是因为海水会通过便器的洞穴倒灌进来）。

虽然是玩笑话，不管怎样，关闭在那样狭窄的包厢里，不知道何时在晃动的状态下露出下半身，绝不是情愿的。

总之，虽说厕所不够用，但是我们设计人员如果按照早上高峰来设计厕所也是浪费的。那么如何解决高峰的混乱为好呢？很简单，使用厕所时间最长的是女性的化妆，对此建筑学会等有详细的调查数据，男子的小便1分钟十几秒，而女子至少3分钟，女性起床后的化妆，3分钟之内是完不了的。

把如此花费时间的化妆与快者1分钟就搞定的排泄放在一个空间进行处理是错误的，用不同的空间分别处理比较合理。

看一下列车的情况，过去化妆间和厕所是分开的，今天的新干线，男子小便器1个，厕所2个，对此洗面所设2个，分别使用是可能的。飞机也一样，淀川长治回顾说，30年前的泛美航空，羽田–洛杉矶航班是螺旋桨飞机，中央下有展望室那样的房间，5～6人一组的桌子分别放在几处，房间一角是吧台，客房里有床，早上男客们以运动的装束站在洗面台前。淀川长治因为在洗面台前接受了克莱伦斯布朗监督的问候，感到非常荣幸才记录下来的。由此得知，过去的飞机有着非常列车式的洗面台，看来只要想做就能做到（《淀川长治自传》，中央公论社刊）。

最近在饭店等，昔日的三件套（卫生间里的坐便、浴缸、洗面盆三件洁具）已经解体，例如洗面和更衣拿到外面，出现了浴室只是洗浴、洗面，与厕所分别设置的倾向。是啊，只是想刷牙，为何要步前任用后的厕所的后尘?

把用水集中在一个场所，这种思路还停留在30年前我们做住宅设计的水平。

光说厕所了，看电视“机翼啊，那是巴黎之灯”连詹姆斯·斯图尔特扮演的琳德伯格到达巴黎前，都用手捧着水桶内的水洗脸，不仅排泄可以恢复精神，从稍微擦拭一下脸到称作“提神”的凉爽的饮料、换一下袜子、刷个牙、站立起来伸伸腰都是恢复精神的方法。

如在机舱内勉强的话，将到达的机场加以整备（雅加达苏加诺机场的公共澡堂，法兰克福机场的色情电影等），在到达之前忍耐的方法也有。

但是从今天的航空长距离、无停站化的倾向来看，过去在途中机场进行小修整、恢复体力的做法逐渐变得不可能了。

那么还是在飞机内考虑一些恢复体力的设备和空间吧。

为此，要整理绝对数量不足的与厕所相关的各个空间，考虑有效运用的配置，不能考虑只有早上临时出现的厕所吗?（北京那个天安门广场举行活动时间用的公共厕所隐藏在道路铺装的下面，你知道吗？）还有接下来的恢复精神的必要空间和装置类，要好好研讨。

我认为经济舱三四个座位，除了夏天旺季外可以拿掉，使用那个空间做临时厕所，在营业收支上应该没有太大的出入。

是否在IATA上做出这样的规定呢？

B747的卫生间

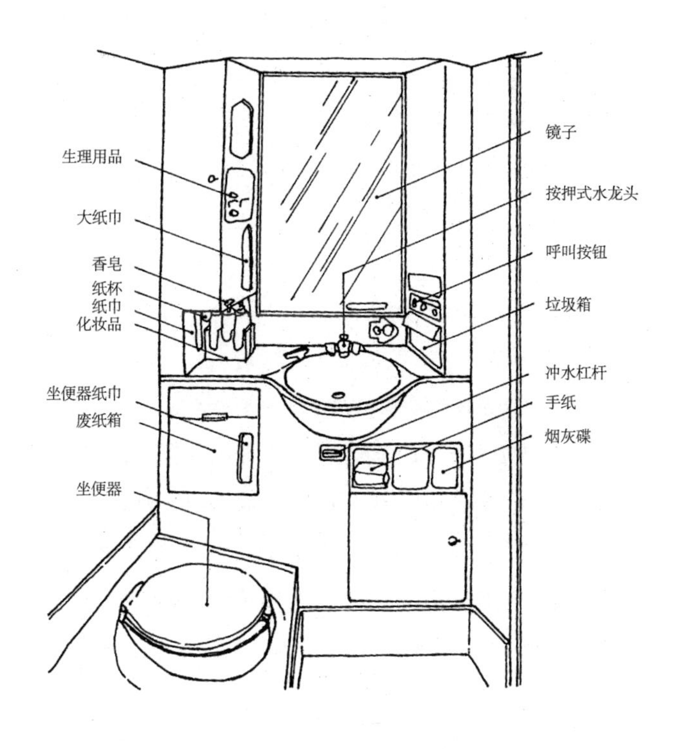

旅行空间的舒适性

舒适性（amenity）一词被建筑、室内设计、城市规划等领域所引用，实际上就是最近的事情。

舒适性一词，查一下字典就会知道，包含有作为人类感觉人品良好、温文尔雅，环境、房屋等舒适度、愉悦度等意思。

设计环境时，规划人员首先可信赖的是可以用数字理解和表现的部分。

每公顷居住120人是合适的人口规模的话，400人就过多了，所谓舒适的室内温度是比户外温度低5度，学习时适当的桌上照度为700勒克斯等等。

这些用数字来思考、解说、规划是好的，也很简单。所以重视功能、语言的现代规划者们努力钻研，试图符合数值上的合理性。

因此，比如室内的规划原理（以建筑设备规划为原点的学问）首先要保证室温的适度，空气会被污染的，因此不断导入新鲜空气、换气，相对于温度保持一定的湿度。为保证照度，考虑开口和照明；为避免照明器具的曝光（照度对比），注意位置和器具；为防止反射音带来的不快，尝试室内装修材料选择声反射率、吸声率好的材质等。

那么数字上满分的房屋建成了，但谁也不说那个房间舒适，规划上的引导也许是不够的，于是产生了从色彩到触觉总动员的五感建筑这一概念。

如细化到空气的热、冷、皮肤的感觉、手摸上去的触觉、反映到听觉的部分等，直到味觉，那么这样规划上的缺失就可以弥补了吧？虽然这么说，众所周知，不是那些简单的东西就可以满足空间舒适度的。

特别是像城市规划那样各种因素错综复杂的规划领域，不是简单的数值，还包含在那里生活的人们历史的记忆、民族的喜悦、生活性等广域的心理学要素，抛开这些不顾，就不会产生真正亲切的环境，这个道理我开始逐渐意识到。

这就是舒适性的概念。那么，航空空间的舒适性如何呢?

这需要严格定义航空旅行的舒适性是什么？否则无法解释这个富有内涵的概念。

旅行是盛事，自古以来如此，像欧洲中世纪的人们，日本江户时代的旅侠，临行前喝交杯酒作别，旅行时旅行空间就是盛事空间，非常重要。

凯撒旅行出发前，口中唱吟三遍进行祈祷，日本的旅侠临行前都交杯换盏。

这种非同寻常的生活是连续的，平时绝不会这样做的淳朴百姓，在旅店雇佣侍女，继续旅行，这样的客栈排列在有驿站的村镇。

感觉在航空的初期，其盛事性被豪华的形式所代替来取悦客人。

从1914年输送最初的旅客开始，经过11年，1925年的波音MODE-1-80才开始在各航空公司的竞争下，作为飞行舒适性的竞争结果引入了一些内容。

12位（后期为18位）旅客，长方形的大玻璃上挂有装饰的帘子，花瓶插有鲜花的室内，铺有白色桌布的桌子，在其周围沙发上惬意地过着旅行生活。

响亮的口号是“宽阔的室内、卫生间，自由使用的热水和凉水，机械换气，内有垫层的皮椅，个人用照明等，与其他航空飞机、航空公司完全不同的奢华……”可以看到公司一方得意忘形的一面。

被誉为旅客输送前辈——铁路的世界，与已经有实力的普尔门（德国德雷克莫勒公司本部）公司，拉开决定性的档次，要占有优势。WAGOUS（国际卧铺列车公司）公司的东方快车也有同样的例子。

乘坐100位旅客的飞机，没有一个厕所，在当时是很普遍的现象，而东方快车每节车厢20人有两个厕所，并具备长17.5米的室内柚木木材装修、蒸汽暖气和煤气照明、餐车，天花板贴有科尔瓦多皮革，墙上是葛布兰式花壁毯，窗帘是热那亚的天鹅绒，纯白的桌布是银餐具类……这种奢华的布设，简直就是在奢侈感中强调旅行盛事的成功先例（中央公论社刊《东方快车物语》，让德卡儿、玉村丰男译）。

有这些先辈的成功实例，航空还是罕见的年代，为提升豪华感采用了各种手法。

正像东方快车为防患于未然（未雨绸缪）配备了专业医生那样，芝加哥到旧金山的波音MODE 1-8作为第3批乘务员，配备有空中护士，这以后以空中小姐的形式固定下来可以说也是实例之一。

这样，初期的航空时代迎来了第二次世界大战，航空机本身发达了，航空旅行的壮大迎来普及化，逐渐开始追求日常的舒适性了。

在居住性上与最初成功的客机波音247相比，道格拉斯PC-2通道更宽，头上安有行李架，天花板高度也升高了，产生了质的提升。仅此一点大受欢迎，生产量达220架，远远超过波音247的75架的生产量。

其后继者有DC-3被大量生产，战后投放到民间，成为民航的主力，同时也成为航空普及的力量。

然后，从1950年活塞式到涡轮式，再到1960年代的喷气式，1970年代巨型喷气式，航空迅速进入了大量高速输送时代。目前渐渐朝着长距离、不设停站的方向进行摸索，带来航空的普及化，旅客激增，获得全面成功。

现在，乘坐飞机旅行已经不再是奢华、豪华之举，变成非常普通的旅行了。因此，机内空间作为寻常的生活空间要求均质的性能。

在追赶急速变化的技术阵营，为顺应这一背景，与建筑世界的追求是同一途径。

室内空气，是从发动机发出的高温、高压的压缩空气混入冷却空气，转为适当的温度、湿度，从天花板、通道墙上部的入口向室内送风，从窗一侧椅子下面的排风口，通过飞机主体下部的行李舱排出机外，这个室内空气是5分钟循环更换一次的（因此，制定抽烟席和禁烟席并没有特别的意义，坐哪都可以随心所欲）。

个人用照明，从初期就受到好评，夜间直到落地，整个照明都要求熄灯的规则是绝对必要的。

椅子、地毯等的居住性自不必说，经过多次耐久性、维修等实验选出100%的羊毛。

即使有这样的规定和万无一失的配置，但与日俱增的旅客群的要求也同时在膨胀，不仅仅是数值问题，要求日常舒适性的时代到来了。针对增大了的手提行李，限定了机内携带尺寸也无效，1980年DC-8-61、62机型，上部行李架安装了门，可以收容重量物品，受到好评。

室内墙体是采用2米模数单位一体成型的单元体，除考虑大量生产以外，主要是出于维修上的方便，只是航空公司具有的民族味道太淡漠（曾听到航空国际化，地域性是无稽之谈的声音，明知从二手市场性来说也是不方便的，先前意大利航空公司的意大利风格的皮革风茶色室内装修，让我们都感到亲切），舒适性在这方面是十分重要的。

至于747以及DC-10，可以说天花板才刚变成平的，接近室内风格了。整体照明的间接化的手法，不知为什么像是星球大战风格，有点怪异，是电影模仿航空还是航空受电影的影响，也许是相得益彰吧。

即便是以从航空到宇宙飞船连续的意识进行的设计，旅客也不会穿上宇宙服装吧。

像从纽约到波士顿的短途航班那样，希望在航空日常化的部分，尽可能具有日常性空间。另一方面，飞越大陆间的国际航班，还是有盛事的旅行气氛比较好吧。

这两个两级性如何把握，既分离又共存的追求，不就是今后航空的课题吗？在旅行的空间上，作为大前辈饭店摸索的洲际酒店，有局域方便性的网络组合等很有参考价值吧。

航空同样有激烈的竞争，设备更新的要求络绎不绝，其中国际性和地域性如何并存，绞尽脑汁的饭店经营方在舒适性上像是先走了一步的前辈。

设计航空生活

人类是动物，既然是动物，与石头、土不同，不是被动的，而是以自己的意志行动，这是本能。不仅如此，自从拥有文明以来，我们的行动——移动的半径就变大了。

拿日本来说，在平安京时代，一般的人，从琵琶湖以东再往前旅行几乎是不可能的。随着时代的变迁，不断向东延伸。即使这样，江户时代关西人作为慰安旅行的东限也就到长野的善光寺，而同一时期对关东人来说，作为西限据说是到达四国的金比罗。

不知为什么，去金比罗的纸钱，是在中山道的轻井泽追分的枡形茶屋卖，据说是因为去不了那里，在这里买了纸钱折回的人很多。这姑且不论，在现代，我们可以看到与过去无法相比的大移动，日本人涌向夏威夷、美国的西海岸，集中在巴黎、在纽约的时代，真可谓漂流一族的时代。

趁此机会，随着频度的增加，考虑让两点间的移动尽可能地快，是作为漂流一族理所应当的。我们脱离了步行这一基本的移动手段，为提高其移动的速度，开发了各种各样的工具。

从初期的马车、轿子到汽车、快速列车、飞机，随着技术的进步，每单位时间的移动距离在飞速地扩展。即便是江户时代驱动快马、快轿，即可完成从江户到赤穗徒步要花费5倍以上时间的旅行，今天使用新干线，不到4小时就可以到达。

但是，在其技术进步中，我们知道的是速度这个东西，作为代价是夺去许多日常感觉。

为将江户城、松之走廊的刀伤事件通知国元赤穗，其使者为让身体与不停奔跑的速度保持一致，在腹部紧紧缠上白布，为了不咬断舌头，咬紧牙关不停地奔跑。

即使是现在，F-1比赛那些选手，为防范事故，或火灾烧伤身体，穿着木棉做的内衣，以1分钟几十转的齿轮速度，使出全身解数，全速行驶。

越想加速越会走向非日常的事实，并非只要有先进的技术就能解决问题的。例如我们今天的旅行也是这样，由于变成了新干线，过去那种通过窗户销售列车盒饭的现象消失了，不得不吃车厢内的盒饭和令人绝望的难吃的称作J正餐的食堂饭菜。那么更快的航空，如果是国内航班，基本上没有餐食服务，只有到达目的地再吃饭了，如果速度超过音速的话，居住空间比一般航空更加狭窄，旅行必须克服这些障碍（其代价是伙食给豪华度减分）。

另一方面，工作成为日常的今天，也希望加快日常行为速度的人类，相反愿意在非日常的条件中轻松体验这种有速度的移动，今日航空的问题点就源于此。

我们已经进入了航空新时代，完成了初期阶段只为那些时代高端的、有钱人或特殊群体体验的特殊旅行，像在街角轻松地叫一辆出租车或乘火车、乘电车那样想以日常的心态来选乘飞机。

我们这样的欲求与相应的航空实际状况之间，不知有多大距离？我总结一下单纯作为旅客的感受。

航空空间的非日常性的最大问题是缺乏自由度。

在移动期间，不能离开自己坐的座位，就此一点，是多么的痛苦，比如只从单纯坐椅子的人的姿势变化来说，人以同样的姿势坐在座椅上绝对不会坚持10分钟以上，对于人类来说，长时间持续同样的姿势是不可能的，这与不能长久待在同一场所是同样的道理。长距离飞行的机舱内厕所门前附近，经常有两三个徘徊者，也是因为讨厌被束缚在椅子上的人，不能忍耐其空间的窄小，不能改变姿势。

当然，从航空的角度来说，会有这样的辩解，如何在有限的空间内确保更多的客用座位是使命，就其有限而言也许是正确的，但恕我坦言，因为是优先考虑经济而买了减价机票的客人所以要忍耐，这不是剥夺了自由吗？如果100个座位中有4个座位可以作为自由走动人们的沙龙座位、游戏座位，一人的机票只提高百分之四的价格，不满的人是否就逐渐减少了？

餐饮也是一样，对不想吃的人、肚子不怎么饿的人、想吃日餐的人，提供没有选择自由的统一规格的餐食是痛苦的。最近你没有发现在机场购买寿司等自己爱吃的食品上飞机的人多起来了吗？飞机内的收纳以及空姐人数有限，我知道经常有这样的回答。比如主要的一餐登机前在入口发送，外国航空公司发放小吃的方式不是也可以采纳吗？反正现在只是两次供餐，那么空姐也可以减少，让在机场选择餐食，自由度就会飞跃增加（如何提供热的东西是航空应考虑的）。

说到飞机内的杂志、娱乐都堆在飞机内，乘机时让乘客自己选择，这也是问题，可以放在入口处，让乘客乘机前选择，下降后也不用空姐每每进行服务，像一些外国航空公司那样，在后厨位置设机内24小时酒吧，想喝饮料的客人到这里，站在这里喝，同时也解决了想活动一下的客人的需求。

由于厌烦在传送带旁等行李，把行李带入飞机的客人很多，而收纳空间又少，面对这一现状，只有解决可携带三瓶酒为首的礼品贩卖体系，别无他法。这种东西，免税品到达目的地，采取流动销售站简单的贩卖方法即可解决。

关于电影，相当多的人没有看到或看不到，其座椅的布置，光是观赏就很困难，而且播放者是以自己随意想定的时间让大家观看，造成了这种局面。美国等航空公司很早搞的收费电视，以日本的技术力量来说完全不成问题（现在无论是新干线，以及那以后的巨型喷气式飞机的试制不是都完成了），这也是要遵循在想看的时间、看想看的内容……的原则。

在长距离无停站的飞行及小型客机或列车、出租汽车的组合成为一般的情况下，就没有必要什么都依赖航空飞机。例如过去法国的国铁就是这样，车站的食堂是一流的餐厅，为了下火车后可以慢慢地品尝丰盛的食物，在火车上什么都不吃的人多起来，考虑到这点就可以了。例如拿新干线的旅行来说，最近大家都带着美味的便当上车，坚持到京都、大阪再吃饭的人不是很多吗？停泊地那个糟糕的乌冬面，想办法变成寿司店的话，日本一停泊地之间只有饮料服务就可以啦。国内线，特别是机内不能进行酒水服务的部分，在机场候机室买一些啤酒、威士忌即可填补。

不仅是餐食、饮料，所有的服务若尝试以这种包含非机内在内的体系来加以整合，机内的舒适度就可以得到很大改善。

想听音乐，约朋友去音乐会——这种行为除在会场听音乐以外，由于有许多行为相伴才会充分感受去了音乐会的乐趣。

早上，从选择晚礼服时的快乐开始，在紧邻会场的车站与友人相约，在入口购买节目单，开幕前在期待的时间里小谈一会儿，听着音乐，在中场休息时，再继续聊天，散场后在月下的公园散步，进入茶室，互相诉说刚才的兴奋，送客回家，看着节目单回忆着音乐会场景，进入睡梦，这一系列的行为总括起来就是“去听音乐会”的行为。

包括航空的旅行不是完全一样吗？

决定去旅行，先从买导游书开始，到确定日程，预定各种机票、车票、住宿，从穿什么衣服，换什么衣服，到旅行目的地干什么，都是快乐的烦恼。

往行囊中塞东西，这个放进去了吗？有无忘记的东西，护照、保险，包包不会太小吧？礼品放进了吗？从准备阶段开始，马上到出发的时间了。

叫辆出租车向车站驶去，从东京到箱崎，或乘单轨，驶向机场，行李很重。经过几次转乘到达机场，目的地柜台排队等候，拿到登机牌，托运行李。时间富裕了，去买药、胶卷、电池等忘带的东西，稍微喝个咖啡，但还是平静不下来。进入登机口，入口的检查非常严格。在免税店买了催眠用便宜的威士忌和作为礼品的香烟，通过长长的通路来到登机口，确认机票后找座位，有很长一段时间飞机没有发动，过了15分钟终于发动了，于是旅行开始了。

航空过程已经几次提到了，在这里省略，马上就要到达目的地了。

再次经过卫星登机堡通道，走出通道，又要经过长长的机场走廊，虽然很快乐，坐上不知去哪的无人电车，让长长的传送带一会儿上一会儿下的是戴高乐机场。找到自己搭乘的航班号的传送带，然后在走廊的一角转动着拖出来的手推车，海关前排着长队，检察官飞快的语速及不明白的问题，好不容易出关，接下来是银行的兑换，寻找出租车的标识，把行李提到乘车地点，告知饭店名称上车。真能把我拉到目的地吗？小小的不安，房间被保留与否的忐忑，终于拿到钥匙进入了房间，到了……到此为止。这是旅行的一部分，旅行中的快乐。航空旅行前后伴随着这些行为，也决定着旅行印象，既然是这样，应考虑让这一系列的行为变得更快乐的方法。

首先把那个重的行李先运到机场，旅行后再运回家，这样会减轻许多疲劳。带高尔夫球的，用“宅急便”将包运到高尔夫球场，一身轻出发的风景不足为奇。用简单的运输工具在机场有运送当天行李的系统应该是轻而易举的吧，一些航空公司开始的迎送服务，以规定的客人为对象，如果将它扩大到全体乘客，可能会很辛苦，因此只有箱包可另外托送的系统就可以了。

搭乘手续集中在城市的终点站或机场办理会很混乱，对此，尽可能增加办票场所。德国就这么做。据说日本在规划成田机场时，也想实施全国铁路站点的登机系统，由于劫机犯的原因而流产，手提行李的检查，可以在交运宅急便时进行，搭乘手续等在绿色窗口办理很简单，众所周知，就连看上去非常麻烦的出国手续，在箱崎走廊的小窗口轻而易举得到解决，简单的运输系统，将当天的行李运到机场等看上去很简便。

就机场路途的遥远而言，首都圈的我们经常抱怨去成田机场的路途遥远，羡慕福冈机场、大阪机场的近距离，然而想想没有国际机场的东北、北海道、四国的人们，如果不飞到大阪、成田就无法到海外，而且经过27个小时回到日本，再等上2小时，转机到地方机场，在那里乘坐电车大巴等疲劳就不会任性了。只是希求国际机场航站楼的网络尽可能详细。虽然自驾车去的人很少，但就是打车去，那个下车的地方很少看到没有混乱的机场，只有羽田机场还可以早点下来，那是因为不堵车吧，就是为了去接客的人，尽可能留出从停车场到机场大楼的距离长度，不希望以“开车来不行”等官僚的口气搪塞。

机场本身也有问题，首先与机场延误有关。德国人知道机械这个东西也会出毛病的，例如，车的自动控制系统也会在哪个地方有手动操作装置，机场也是一样，飞机延误是正常的，例如法兰克福的航站楼，有若干个候机厅，隔5个座椅就有一个无靠背的可以拉出的躺椅，供旅客们舒适地熟睡，如果到地下，就有言情书店，内部有色情电影院，关于这点有人颇有微辞，但是为了消磨飞机延误4小时的时间，这里绝不是多余的设施，我个人认为。

以成田为例，很难找到弹子店、麻将屋、桑拿室、图书馆、游戏中心等可以消磨时间的设施，也许充其量女性去个美容院1～2个小时，如等再长时间就束手无策了。前些日子，我去接女儿的飞机，晚点6个小时，没有办法，就在机场附近的饭店租了房间，发现这些饭店不允许按小时收费，无奈之下只好租了一天，在床上翻滚着。

所谓好的机场，应该是旅客能以最短的距离可到达的机场，据说有这样的定义。那么现代的机场，不得不说它越加远离了这个目标。虽说水平自动电梯、扶梯等，看上去是让人方便的设施，实际上也还不过是在设计上让你没完没了地行走而已，不是有戴高乐第二航站楼那种一下出租车眼前就是柜台，在那里交运行李后，飞机就停在眼前，直接转运行李，旅客走几步就登机了的优秀设计吗？

美国建筑师萨里宁突发奇想发明的移动休息室（旅客等待的候机室到了出发时间就直接把旅客运到飞机前的系统）问世时，我认为这就是范例。后来不知道为何几乎没有看到普及的迹象，如果被普及，城市终点站的候机室就如同飞机的室内一样，人们按照自己的座位号对号入座等候，像直升飞机一样飞到机场，然后就直接成为飞机的一部分，我过去在哪见过SF赝品画就是这样的，如果这个实现了的话，机场一定会变得更加简单便捷（对旅客来说）。

纽约波士顿的短途班机，在飞机入口只写着住所和姓名，扔进去（那个也许成为坠落时的死亡名单）。在机舱内，航空小姐推着卡片用小推车收钱，也是手续十分方便。

顺便说一下，国际机场如有销售免税香水、酒的时间，航空小姐能否提供兑换到达国家货币的服务？下了飞机搬运工马上要小费。依据国家不同平均每天需要持有多少当地货币入境，有一些条件限制就会方便很多。

在方便性上最重要的是，回来的机场免税店购物，到达机场的接待系统，过去反复提出的、停泊机场的商店不久前总算开始营业了，还是民间反应快，这是可以点赞的地方，但行李搞错的事件时有发生，放东西的纸箱大家都一样，在动态的传送带上去阅读水笔做的记号很困难，还有改良的余地，特别是非免税商品故意让人产生错觉而误买的经商方法，当然买方也有问题，希望从根本上改善。

酒店确定后，从机场直接将箱子运到酒店的服务等，到达与出发是反向要求，牢骚满腹的旅行增添许多回忆，众所周知有“太顺利了就没有故事了”的说法。在此关于航空旅行的设计，作为外行的建议，就到此收笔了。

发表文章

1.居住的日常生活

《宫崎日日新闻》1998.1.12

《岩手日报》1989.1.10

《德岛新闻》1989.1.12

《山阳新闻》1989.4.2

《神奈川新闻》1989.3.1

《高知新闻》1989.4.11

《北海道时报》1989.4.13

《信浓每日新闻》1989.3.20

《福井新闻》1989.3.2

《神奈川新闻》1989.3.29

《德岛新闻》1989.3.20

《北海道时报》1989.4.8

《岩手日报》1989.3.7

2.谈街道和建筑

《Let's》三井不动产News 新都市开发研究会发行

3.关于居住的一些谈资

《FACE》Vo1. 1，1988.4~Vo1. 15,1993.4

4.居住在美好的环境中

“樱之丘别墅・居住在好的环境”不二企业株式会社宣传资料

5.注重街景设计

“樱之丘别墅・考虑街景”不二企业株式会社宣传资料

6.设计航空生活

《CURRENTS》，1990.07，日本航空

《蓝天》No.52,1986~NO.59，1989，日本航空

照片摄影：宫胁檀

著作权合同登记图字：01-2013-8416号

图书在版编目（CIP）数据

设计你的生活 /（日）宫胁檀 著；胡惠琴 李逸定 译．
北京：中国建筑工业出版社，2017.10
ISBN 978-7-112-21125-8

Ⅰ．①设… Ⅱ．①宫… ②胡… ③李… Ⅲ．①建筑设计
–通俗读物 Ⅳ．①TU2–49

中国版本图书馆 CIP 数据核字(2017)第 208307 号

责任编辑　刘文昕 刘婷婷
书籍设计　瀚清堂 张悟静
责任校对　李美娜 王　瑞

设计你的生活
［日］宫胁檀 著 / 胡惠琴 李逸定 译

中国建筑工业出版社出版、发行（北京海淀三里河路9号）
各地新华书店、建筑书店经销
南京瀚清堂设计有限公司制版
北京富诚彩色印刷有限公司印刷

开本：787×1092 毫米 1/32 印张：6 7/8 字数：124千字
2018年3月第一版 2018年3月第一次印刷
定价：39.00元
ISBN 978-7-112-21125-8
（30789）